L'OPERETTE
FRANÇAISE
EN
ASIE CENTRALE
PAR
E. LASSALLE
TIFLIS
IMPRIMERIE MARTIROSSIANTZ
1891

L'OPERETTE FRANÇAISE

EN

ASIE CENTRALE

RECIT DU VOYAGE DE LA PREMIÈRE TROUPE FRANÇAISE DANS LA TRANSCASPIENNE ET LE TURKESTAN

PAR

E. LASSALLE

TIFLIS
IMPRIMERIE MARTIROSSIANTZ
1891

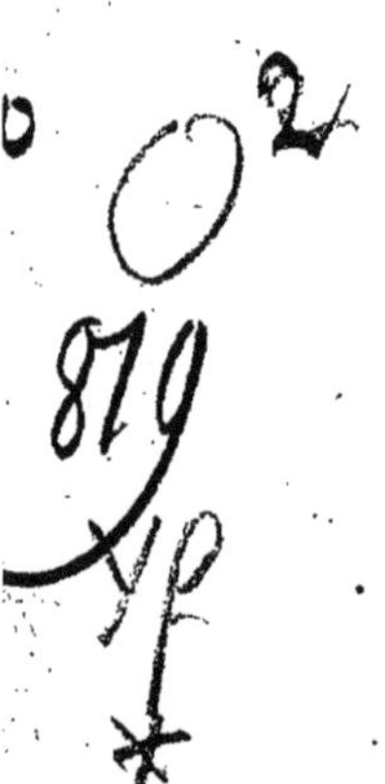

Дозволено цензурою. Тифлисъ 6 Августа 1891 года.

Тип. И. Мартиросіанца, Орб. ул., д. № 1/2.

A MONSIEUR

ISAÏE PITOEFF

HOMMAGE ET RECONNAISSANCE

Avant-propos.

„Les bons discours sont les plus courts" dit Mourzouk dans *Giroflé-Girofla.*

Je n'écrirai donc pas une préface; je tiens seulement à prévenir ceux qui voudront bien me lire que si je raconte aujourd'hui ma tournée théâtrale en Asie centrale, ce n'est pas que je cède au désir de faire un livre; je veux seulement relater fidèlement tout ce que j'ai vu et ressenti, peut être à ma façon, mais assurément avec toute la sincérité d'un artiste qui n'a d'autre prétention que d'écrire simplement un voyage curieux et d'autre but que celui d'apporter un tribut de reconnaissance à tous ceux qui se sont intéressés si amicalement à ma tentative.

E. Lassalle

Tiflis. Août 1891.

I.

De Tiflis a Ouzoun-Ada

Après un séjour de quelques années en Roumanie, Turquie et Grèce, j'arrivai, il y a deux ans, au Caucase. On m'avait dépeint Tiflis comme une ville encore trop peu civilisée pour s'intéresser à l'opérette. Je fus cependant bien récompensé de ma tentative. Aidé par de généreux auxiliaires, que leur modestie ne m'autoriserait pas à nommer ici, je fis une campagne théâtrale toute de réussite et de triomphes.

La saison de Tiflis finie, ma grande curiosité pour l'inconnu m'attirait vers ces villes de l'Asie centrale et du Turkestan que la Russie venait en quelques mois de transformer d'une façon si extraordinaire et de faire entrer avec une rapidité prodigieuse dans la grande voie de la civilisation. Le nombre trop élevé de mon personnel ne me permit pas de tenter l'entreprise et je dus remettre à plus tard l'éxécution de mon projet.

Deux années s'étaient écoulées depuis cette

époque quand j'eus le plaisir d'être rappelé au Caucase et dans ce théâtre de Tiflis où nous avions été si fêtés. Le public se montra assez froid, presque indifférent. Nous n'étions plus pour lui de la „*nouveauté*".

L'idée me revint alors d'aller en Asie centrale. Aussi aguerri que l'on soit dans les entreprises difficiles, j'avoue que lorsque le moment fut venu de mettre mon idée à exécution, j'eus un instant d'hésitation et de crainte. Jusqu'alors des savants, des explorateurs ou des touristes avaient pénétré dans les provinces de la Transcaspienne et du Turkestan pour y étudier le pays au point de vue économique, géographique ou ethnographique, mais pas un *impressario* n'avait encore osé entreprendre un tel voyage. Mon état de fortune ne me permettant pas de faire les frais d'un voyage d'exploration ou d'agrément pour mes compatriotes artistes, la difficulté consistait à faire vivre, dans ces lointaines contrées, avec le produit de recettes aléatoires des représentations d'opérettes, quatorze ou quinze artistes français. Je pris des renseignements. Les avis étaient partagés; les uns m'encourageaient; les gens d'affaires et les commerçants, n'envisageant pour ma tournée aucun bénéfice pécuniaire, m'en détournaient; les craintifs m'effrayaient en me parlant du climat, des fièvres, des déserts à traverser etc. etc. N'écoutant que mon inspiration, je résolus, quoi qu'il put advenir, d'entreprendre ce voyage qui m'intéressait, même m'obsédait au plus haut point.

Si les éléments artistiques dont je disposais n'étaient pas de première marque, ils n'étaient pas non plus très onéreux, et c'était, seulement, à cette dernière condition que l'affaire était possible. Ce ne fut pas sans peine que je parvins à grouper autour de moi une douzaine d'artistes qui pouvaient représenter dignement l'art théâtral français en Asie Centrale. Il fut décidé que l'on partirait aussitôt que la saison de Tiflis serait terminée. Pour restreindre le nombre de mon personnel, je résolus de jouer moi-même dans les différentes pièces du répertoire que je comptais représenter. Sans vouloir exagérer le moins du monde les difficultés de ma tentative, on comprend qu'il me fallut quelque courage pour ajouter à la responsabilité de la direction de l'entreprise les obligations quotidiennes qui incombent à un acteur. Qu'importe! Que l'on soit directeur ou artiste, c'est si beau d'être premier!... Quel étonnement éprouveront ceux qui apprendront l'aventure! me disais-je, quels incidents de voyage à raconter!... enfin, quelle réclame!... Au fond, ce sont là les vrais mobiles qui, dans notre métier, chatouillent notre amour-propre et nous font souvent agir. Ceux d'entre nous qui ne l'avouent pas tout haut le pensent tout bas.

Muni des permissions nécessaires, je partis seul, sans interprète, dans la nuit du 28 Février au 1-er Mars. Le voyage est court jusqu'à Elisabethpol, première étape où je devais m'arrêter. Je fis en sorte de choisir un des wagons les moins remplis où je pourrais dormir à l'aise. A la queue du train se trouvait un petit compartiment vide et sans lumière où je me disposais à me prélasser, lorsque le conducteur m'apprit qu'il était réservé; tout aussitôt, en effet, je vis monter, au milieu des mouchoirs qui s'agitaient sur le quai de la gare, deux jeunes mariés qui se rendaient à Bakou. Me voyant ainsi expulsé, la jeune femme me fit gracieusement observer que je ne les dérangerai nullement et me pria de garder la place que j'occupais. Arménienne de naissance elle parlait assez couramment le français. Le mari, ingénieur à Bakou, s'abstint de prendre part à la conversation sous prétexte, me dit sa femme, „qu'il comprenait tout mais qu'il lui manquait la pratique". Sans le bouquet de je ne sais quelles fleurs blanches qu'elle tient obstinément dans ses mains et qui répand dans le compartiment une odeur pénétrante et peu agréable, jamais à les voir, on ne devinerait deux nouveaux mariés.

La nuit se passe de la façon la plus calme. Voisin et voisine s'endorment. Blotti discrètement dans mon coin, je reste absorbé et tenu éveillé par les mille préoccupations de mon voyage vers l'inconnu.

A six heures et quelques minutes je prends congé de mes deux compagnons de route et je descends à Elisabethpol ou je dois préparer la première représentation de ma troupe. Le jeune prince Michel Nakachidzé, fils du gouverneur de la ville, me facilite ma tache avec cette amabilité si propre aux Georgiens, et le lendemain je pars pour Bakou.

Avant mon départ de Tiflis un guide interprète, chargé de conduire les voyageurs, m'avait bien recommandé d'arriver à Bakou pour prendre le bateau partant, disait—il, le dimanche pour Ouzoun-Ada. Or, à cette époque de l'année, il n'y a aucun départ le dimanche.

Je suis donc obligé d'attendre jusqu'au lendemain matin. Je n'y perds rien, car le soir même j'ai l'occasion d'assister à un bal costumé donné au „Nouveau Club" au profit de la Croix rouge. Cette fête fut charmante et réussit à merveille. Les salons étaient remplis de dames, costumées dans le goût le plus parfait. Une d'entre elles m'intérressa surtout en ma qualité de metteur en scène. Travestie coquettement en Jeanne d'Arc, cette charmante personne a poussé la conscience et l'exactitude de l'époque jusqu'à exécuter plusieurs contredanses armée de la bannière de Charles VII. Après un assez bon souper je rentrai à l'hotel d'Europe et me couchai; mais, je l'avoue, cette nuit là encore se passa dans l'agitation de bien naturelles préoccupations. J'étais énervé et fièvreux.

Le lendemain, à midi, je m'embarquai sur le bateau Prince Bariatinsky de la Compagnie „Caucase et Mercure". Quelques officiers et civils occupaient avec moi le carré des premières. Maintenant, me disais-je, j'aurai des renseignements plus détaillés, car certainement ces messieurs connaissent ou habitent le pays où ils se rendent. Un colonel, seul, parlait assez bien la langue française; mais, lui aussi, allait pour la première fois en Transcaspienne; il arrivait de Smolensk et son service l'appelait dans un bataillon à Askabad. Je n'en fus pas moins heureux de faire sa connaissance, car il se montra d'une amabilité parfaite; mais lorsque je lui appris que j'allais préparer à Askabad et autres villes des représentations d'opérette française il en parut fort surpris et me laissa peu d'espoir.

La traversée est courte de Bakou à Ouzoun-Ada. Le lendemain, vers midi, nous débarquions, mon colonel et moi, dans cette station, tête de ligne du chemin de fer Transcaspien. Pour un voyageur européen, ce petit port de mer n'offre aucun intérêt. Une gare, quelques agences maritimes et leurs magasins, plusieurs maisons habitées par des ingénieurs ou des ouvriers, constituent ce qu'on appelle Ouzoun-Ada.

Au point de vue théâtral, il n'y avait, semblait-il, rien à faire dans ce désert de sable parsemé de rares maisons. Quelques personnes, à la gare, apprennant mon arrivée, m'entourent, me questionnent et me demandent ingénument si vraiment je compte amener une troupe française dans ces contrées. Mais voila que sur mon affirmation, le chef de gare, lieutenant en premier, m'engage à m'arrêter à Ouzoun-Ada, et à organiser une soirée quand la troupe débarquera. Je n'en croyais pas mes oreilles...! Une représentation à Ouzoun-Ada...! Mais où était le public...? pensais-je; et dans quel local jouer?... En moins de temps qu'il ne m'en faut pour l'écrire, ce très aimable officier, me fait promettre de donner une soirée et se charge d'arranger tout ce qui est nécessaire au spectacle. Je le quitte fort peu convaincu et, accompagné de mon colonel, je monte à six heures dans le train qui doit nous conduire à Askabad.

Comme confort les plus grandes compagnies de chemins de fer européens peuvent prendre modèle sur celui du Transcaspien. Les wagons sont larges, aérés, spacieux; les sièges y sont commodes et soigneusement rembourrées, en outre, un wagon-restaurant, mis à la disposition des voyageurs, permet d'y passer le temps sans trop s'apercevoir de la longueur de la route. Mon colonel est un gai vivant qui fait avec moi, bonne figure devant une assiette d'akrochka * arrosée de quelques bouteilles de vin blanc de Samarcande.

D'Ouzoun-Ada à Kizil-Arvat la route n'offre rien d'intéressant. La voie ferrée est bien entretenue et les stations, distantes de 20 à 25 verstes, sont d'un aspect assez coquet; elles possèdent toutes uniformément quelques petits massifs de verdure et un bassin circulaire orné d'un jet d'eau qui jaillit au passage des trains. C'est dans ces vasques que les mahométans, profitant des quelques minutes d'arrêt, se livrent, sans respect humain, à leurs ablutions de tout genre. Une fois les prescriptions du Coran scrupuleusement observées, calmes, et avec tout le flegme oriental, ils remplissent leurs aiguières de cette même eau avec laquelle ils se désaltèreront quelques instants après.

---

*) Soupe aux herbes avec de la glace pilée.

Nous arrivons à 4 h. 25 du matin à Kizil-Arvat où le train reste un quart d'heure. Il est trop tôt pour que je puisse juger de l'importance de cette petite ville. La gare me parait cependant avoir, même à cette heure matinale, une certaine animation. En réalité, c'est la première „ville" que l'on rencontre en entrant en Transcaspienne. Nous nous arrêtons onze minutes à Guéok-Tépé, juste le temps nécessaire pour visiter le fameux camp retranché dans lequel 60,000 Turkomans, abrités derrière de hautes murailles de terre, furent défaits par 9000 soldats russes commandés par le vaillant général Skobeleff.

Huit heures après nous sommes à Askabad. A mon grand étonnement, le quai de la gare offre l'aspect d'un boulevard de province dans un jour de fête. Des dames et des jeunes filles gentiment habillées s'entrecroisent, regardent avec curiosité les voyageurs, demandent à leurs connaissances descendues du train: quels sont ceux-ci? où vont ceux-là?... Un grand nombre d'officiers de toute arme, à la tenue fort correcte, se serrent la main, échangent entre eux un bonjour, et que sais-je encore? Tout le monde a un air animé, je dirai même joyeux. J'en aperçois plusieurs qui pénètrent dans le wagon-restaurant où ils vont retrouver des amis qui arrivent, où d'autres qui ne font que passer. Cette petite fête locale se renouvelle à l'arrivée de chaque train poste. La gare est un lieu de rendez-vous et de promenade pour le „tout Askabad".

Malgré mon désir d'aller le plus vite possible dans la ville, à la recherche d'une chambre dans laquelle je pourrai faire un bout de toilette, je suis entraîné par mon colonel et forcé de faire comme tout le monde, c'est-à-dire d'entrer dans le restaurant du train où l'on vide gaiement les verres de cognac et les bouteilles de bière. L'accueil qui m'est fait est plus que cordial et si franchement sympathique qu'un quart-d'heure après j'aurais pu me croire habitant le pays depuis longtemps, et prendre mes amphitrions pour des amis de vieille date.

Après les politesses et les remercîments d'usage, j'allais me retirer lorsque je fus tout surpris en apercevant dans le salon du buffet une table que l'on venait de faire dresser à mon intention et à laquelle on me pria de vouloir bien prendre place en compagnie de plusieurs autres convives, heureux me disaient-ils, de passer quelques heures avec un Français. Ce déjeuner fut charmant, et l'amabilité toute spontanée avec laquelle on m'avait reçu me sembla de bonne augure pour le succès de mon entreprise.

M. A. Rodziewitch, correspondant de l'Agence du Nord dont j'aurai l'occasion de reparler dans le cours de mon récit, m'ayant offert fort gracieusement son logement, nous nous rendîmes ensemble dans la ville, aussitôt le déjeuner terminé.

Askabad est à environ deux verstes de la gare. Nous faisons ce trajet dans un excellent phaéton attelé de deux bons chevaux. Je remarque en route que toutes les voitures que nous croisons sont neuves et bien tenues. Les costumes des Sartes qui les conduisent offrent seuls un contraste désagréable car la plupart d'entréux sont fort mal habillés et de plus sales. En quelques minutes de galop et, au milieu d'une affreuse poussière, nous arrivons dans la rue dite „du Bazar". Rodziewitch me demande si je ne désire pas m'arrêter à la „confiserie française". Enchanté de trouver à Askabad un magasin français, j'accède volontiers à son offre. Nous entrons, et je vois une boutique fort bien installée, avec boulangerie, confiserie, pâtisserie et même un petit salon spécial où l'on peut se faire servir toute espèce de boissons fraîches. Là, je fais connaissance avec la maîtresse de la maison, une bonne française, M-me Guitart, qui ne sait assez me combler de politesses, tant elle est heureuse à la nouvelle de l'arrivée de compatriotes. Elle me raconte qu'elle est venue dans le pays en

1885 avec les bataillons du chemin de fer qui devaient, sous la direction du général Annenkoff, et après la bataille de Kouchk, poursuivre le prolongement de la voie ferrée jusqu'à l'Amou-Daria. Madame Guitart était à cette époque gouvernante dans une famille russe. Elle ne sut pas s'y plaire et reprit sa liberté. La voilà donc, à cinquante ans et sans grandes ressources, dans ce bourg d'Askabad qui n'était pas alors la ville d'aujourd'hui, loin d'un centre habité où elle pût trouver une place. Elle s'adressa au général Annenkoff qui, déjà à cette époque, commençait sa grande mission civilisatrice; il lui concéda une modeste bicoque où elle eut l'idée d'installer un petit commerce de boulangerie, le pain que l'on faisait alors dans le pays n'étant pas mangeable. Elle débuta avec un *poud* de farine, il y a six ans de cela! Aujourd'hui la bicoque est devenue un magasin bien assorti; la gouvernante française douée d'une rare énergie, d'une activité sans pareille, est maintenant une des premières commerçantes d'Askabad, vivant seule et paisible, en compagnie d'une douzaine de chiens et de chats, sa seule et respectable passion. Elle va prochainement se retirer des affaires, et pourra bien, remercier le général Annenkoff et bénir la Transcaspienne.

Askabad est aujourd'hui un centre où l'on peut se procurer tout ce qui est nécessaire à la vie. La ville, aux larges avenues, d'une grande étendue, est bâtie en plaine; de chaque côté des avenues et des rues des canaux fournissent l'eau aux habitants. Excepté dans la rue „du Bazar" et dans le „Bazar" lui-même les maisons n'ayant qu'un rez-de-chaussée sont très espacées et entourées de petits jardins trop récemment plantés pour offrir un ombrage suffisant contre les rigueurs d'un soleil tropical. Une vieille forteresse turkomane, en terre sèche, qui se dresse au milieu de la cité et la domine, a été transformée en prison militaire. Sur deux grandes places de la ville, s'élèvent deux colonnes sans style, flanquées de canons tous de fabrication anglaise, pris aux Turkomans et aux Afgans dans les différents combats qui leur ont été livrés par les Russes. Les seules constructions qui attirent l'attention sont d'abord le palais du Gouverneur général puis les casernes aménagées avec un soin d'hygiène et de salubrité tout particulier, enfin le club militaire, et celui du commerce qui l'un et l'autre possèdent une coquette salle de spectacle. La ville n'a jusqu'à présent qu'une seule petite église, la seconde plus vaste n'est pas encore achevée.

A cette époque de l'année la température

est déjà très élevée à Askabad; aux mois de Juin et Juillet la chaleur atteint celle du Sénégal. Comme dans notre colonie, les habitants souffrent de fièvres, mais elles sont peu dangereuses n'ayant aucun caractère paludéen; elles ne proviennent que du grand écart de la température du jour à la nuit dont les variations s'élèvent parfois jusqu'à 30 degrés Réaumur.

En sortant de la confiserie Guitart, Rodziewitch me conduit chez lui et me montre la chambre que je dois occuper: elle est spacieuse, propre et garnie d'un joli tapis de Merv; une table pour écrire, une autre sur laquelle trône l'inévitable samovar, quatre chaises et un fauteuil de style asiatique, un canapé en bois recouvert d'un morceau de toile de Perse en composent l'ameublement. Quant au lit, mon oeil inquiet le cherche vainement. Mon hôte me met bientôt au courant de la situation en me demandant de la façon la plus simple du monde si j'ai mon matelas, mes draps, ma couverture, mon oreiller. Je fais triste mine et je lui déclare que j'ai compté acheter tous ces articles de voyage à Askabad. En homme pratique, il me fait observer qu'ils me coûteront beaucoup plus cher qu'à Tiflis, mais il m'accompagnera pour faire ces différentes emplettes. Et nous voilà parcourant les magasins à la recherche des fameux accessoires indispensables à quiconque voyageant en Transcaspienne ne veut pas courir le risque de coucher sur la planche. Enfin je suis muni d'un équipement complet et artistiquement arrangé par un soldat au service de mon aimable ami. Je passe une excellente nuit de repos et me réveille le lendemain tout frais et dispos pour lancer l'affaire théâtrale française dans cette première ville importante qui va être pendant quelques jours mon quartier général.

L'heure des visites que j'ai à faire arrive; j'endosse l'habit noir traditionnel et je me rends chez le Gouverneur général. Mais hélas! Cet habit tout flambant neuf est bien vite couvert d'une horrible poussière blanche. Heureusement, dans ce pays là, tout est admirablement prévu. Dès mon entrée dans le vestibule du Gouverneur général, deux soldats de planton s'arment de leurs brosses et, en quelques instants, avec tout les égards qu'ils ont pour un étranger en gibus, ils rendent la couleur première à mon costume de cérémonie; ils poussent le zèle jusqu'à faire disparaitre de mes chaussures le moindre atôme de poussière. Introduit tout aussitôt chez le Général-lieutenant Kourapatkine qui m'accueillit de la façon la plus bienveillante et la plus courtoise, je recevais de lui l'autorisation nécessaire pour mes représentations, tout en me faisant observer, de la façon la plus délicate, que le temps du carême était peut-être un moment mal choisi pour jouer des „Niniche“ et des „Femme à papa“. D'ailleurs, il me souhaita toute la réussite possible et je pris congé de lui en emportant un excellent souvenir de sa réception. Pandant deux jours, et sans quitter l'habit noir, je continuai mes visites! Vous tous qui voulez bien me lire, vous savez, n'est-ce pas, par expérieuce, ce qu'est pénible une série de visites à rendre en frac ou en uniforme! Et vous me plaindrez certainement quand je vous dirai qu'en trois mois de voyage, aller et retour, j'ai fait ou rendu deux cent quatre-vingt une visites; chiffre invraisemblable! mais pourtant exact. Je n'ai pas eu à les regretter car l'accueil que j'ai reçu a été toujours et partout aussi cordial qu'il m'était permis de l'espérer.

D'Askabad, où j'attendais la troupe qui devait partir de Tiflis huit ou dix jours après, je devais préparer moi-même toute la tournée car je n'avais aucun secrétaire. J'envoyai affiches et billets dans toutes les villes où je comptais donner des spectacles et je m'adressai à toutes les personnes dont l'appui et le bon vouloir m'étaient nécessaires. Le difficile était de fixer la date des représentations. C'était là, au point de vue d'une affaire théâtrale, le véritable tour de force à exécuter, car un événement quelconque pouvait retarder un des premiers spectacles dans une ville et occasionner le même retard dans toutes les suivantes. Grâce à Dieu tout se passa bien; au bout de quelques jours, il n'était question dans toute la Transcaspienne et le Turkestan que de l'arrivée de la troupe. Dans chaque train, montant ou descendant, toutes les affiches de l'opérette française s'étalaient flamboyantes sur les panneaux du wagon-restaurant. Déjà, de Tachkent, un télégramme m'apprenait que toutes les places étaient retenues pour trois représentations, me voila donc assuré du résultat possible dans les grandes villes, quant aux petites je l'étais moins, et je ne me suis pas trompé dans mes prévisions.

La troupe, composée de 14 personnes, partit sous la conduite de M-r Buisson, le 9 Mars de Tiflis pour Elisabethpol où elle donna deux représentations. De là elle se rendit à Bakou d'où elle s'embarqua sur le vapeur „Masis“, mis gracieusement à notre disposition par M. Isaïe Pitoïeff dont la bienveillance et la générosité sont proverbiales parmi tous les artistes qui ont eu la bonne fortune de le connaitre.

Le 14 je recevais, par dépêche, avis du

départ de la troupe * pour Ouzoun-Ada, et je publiai aussitôt ce télégramme dans toutes les villes de la Transcaspienne. Un certain nombre de personnes d'Askabad, désireuses de faire une ovation à la troupe à son arrivée, eurent l'idée d'envoyer une ou deux musiques militaires recevoir les artistes aux accents de l'hymne national français. Le projet, sans doute mal présenté, ne réussit pas, et, par ordre supérieur, la manifestation musicale fut interdite. Ne se tenant pas pour battus les organisateurs résolurent alors de la faire sous une autre forme. Je fus inquiet de la tournure que pouvaient prendre les choses, et je me décidai à faire venir la troupe par le train du matin, évitant ainsi les suites peut-être fâcheuses qui auraient pu résulter d'un excès de sympathie. Je gardai donc secrets le jour et l'heure d'arrivée et je partis pour Ouzoun-Ada en compagnie de Rodziewitch qui, dès ce moment ne me quitta plus et me rendit avec le plus désintéressé dévouement tous les services dont j'eus besoin dans cette Transcaspienne qu'il connait à fond. Après être restés quelques

---

* La troupe était composée de M-mes Lassalle. Buisson. G. Lassalle. Ramoin. M-rs Lassalle. Buisson. Manoël. Harlin. Segesser. G. Lassalle. Lavallière. Georges Gelly. Joseph Neuvirth, chef d'orchestre et 2 serviteurs.

heures à Kizil-Arvat pour terminer les préparatifs de la représentation qui devait avoir lieu le lendemain dans cette ville, nous arrivâmes le 16 au matin à Ouzoun-Ada; nous nous rendîmes aussitôt sur le bâteau „Masis“ qui était arrivé dans la nuit.

Malgré l'heure matinale, toute la troupe était debout, mais dans un état déplorable. C'est que, pendant la traversée, le „Masis“ avait été assailli par une tempête qui faillit coûter la perte du navire et la vie de mes braves artistes. M-me Lassalle projetée de la couchette de sa cabine sur une table, avait été assez grièvement blessée... Si j'arrivais à leur rencontre avec de bonnes nouvelles, ils n'en avaient, eux, que de mauvaises à m'apprendre. A Bakou, on avait volé à ma femme tous ses bijoux renfermés dans un petit sac à main. Elle n'avait sauvé que le bracelet et la montre qu'elle portait sur elle. Les recherches les plus actives furent opérées mais sans résultat; on fut obligé de partir en laissant au voleur impuni le produit de son larcin. Grâce à cette heureuse insouciance qui est le propre des artistes en général, au bout d'un instant il ne fut plus question ni du mal de mer, ni du vol, ni des dangers que la troupe avait courus: il s'agissait de songer à la représentation du soir, et une grave difficulté allait se présenter. Le chef de la station, organisateur de la soirée, avait compté sur le piano du bâteau-poste de la C-ie Caucase et Mercure attendu dans la matinée et qui, à son grand désespoir, n'était pas encore signalé. Le mauvais temps qu'il faisait au large nous laissait peu d'espoir de voir arriver le jour même ce vapeur. Comment représenter M-selle Nitouche sans musique? Il y avait cependant à Ouzoun-Ada un piano à queue appartenant à une famille juive, peut-être voudrait-on nous le prêter. Bien vite nous nous mettons en campagne au milieu d'une plaine de sable où les pieds s'enfoncent jusqu'aux chevilles. Nous trouvons la propriétaire du piano qui nous répond poliment, qu'ayant eu toutes les peines du monde à le faire monter et introduire dans la chambre du premier étage, où il est placé, elle craignait qu'il n'arrivât malheur à ce vieil instrument auquel elle tenait beaucoup! De-plus la maison est en bois, dit-elle, et la galerie par laquelle on devra le descendre, étant très peu solide, pourra entraîner avec elle la maison tout entière! Ne désirant pas être cause, sur les bords de la Caspienne, de la destruction de ce temple d'Israël, nous n'insistons pas davantage et nous revenons à la gare assez décontenancés, réfléchissant au parti que nous avions à prendre. Nous décidâmes d'abord que la représentation pourrait être remise au lendemain, mais quelques spectateurs, devant partir le soir même, faisaient triste mine et semblaient très ennuyés de ce contre-temps. En outre, le chef de la station nous fit remarquer que si la représentation n'avait pas lieu le soir même nous perdrions ces Messieurs complétant le nombre des *40 spectateurs* qui avaient tenu à s'associer pécuniairement à cette première soirée en Transcaspienne. La situation était critique et la soirée semblait gravement compromise. C'était un triste début qui, malgré son côté comique, pouvait nous être préjudiciable pour plus loin. Il fallait cependant prendre une détermination... Comme dans toutes les pièces de théâtre, surgit tout à coup le fameux *deus ex machinâ*, sous la forme d'un agent maritime qui nous avoua timidement posséder un petit harmonium qu'il mettait à notre disposition. La représentation était sauvée! Le public consulté dans la journée voulut bien se contenter de cet instrument plus apte à accompagner des chants sacrés qu'à prêter son clavier aux couplets entrainants de la partition d'Hervé; mais, enfin „à la guerre comme à la guerre!“ Quand arriva l'heure du spectacle nous nous rendîmes dans le local qui devait servir de théâtre.

A sept ou huit cents pas de la gare, au

milieu des sables, nous pénétrons sous un hangar au fond duquel se trouve une scène mesurant environ trois mêtres et demi de large. On y a, par précaution sans doute, installé une boîte à soufleur d'une dimension démesurée qui, si nous ne pouvions nous en passer, rendrait impossibles les mouvements des acteurs. Les artistes femmes s'habilleront dans une petite chambre attenante à la scène et auront pour tables deux lits destinês apparemment à des soldats du chemin de fer. Quant aux hommes, les coulisses leur tiendront lieu de loges. C'est aînsi, pêle-mêle, que nous nous préparions à la représentation, quand le jour qui commençait à baisser nous fit apercevoir qu'on avait oublié la chose la plus essentielle, l'éclairage. Nous mîmes aussitôt en campagne une demi-douzaine de soldats, qui apportèrent un grande quantité de bougies qu'ils disposèrent le mieux possible dans les embrasures des fenêtres, sur les poutrelles, enfin sur tout ce qui offrait un appui ou une saillie. Les spectateurs ayant pris place, les uns sur des chaises, les autres sur des bancs, plusieurs sur nos malles restées sous ce hangar, les trois coups légendaires furent frappés par le régisseur, et le chef d'orchestre attaqua courageusement les premières mesures de l'ouverture, sur l'harmonium dont je vous ai parlé... C'était un rêve!

Le rideau, en cotonnade rouge, tiré par un soldat, se leva difficilement et d'une façon peu régulière. Les artistes, je dois le dire à leur louange, jouèrent aussi conciensieusement que sur un vrai théâtre; quant à moi, d'une taille plus élevée que la scène, j'avais la tête cachée par la frise d'arlequin, ce qui me donnait l'aspect d'un guillotiné marchant. Malgré tous ces petits détails, le premier acte se terminait au milieu d'un grand succès d'enthousiasme, quand le rideau, qui avait eu beaucoup de peine à se lever, refusa cette fois de descendre malgré tout le mal que chacun de nous se donnait à le tirer. Plusieurs des spectateurs furent dans la nécessité de se lever de leurs places pour nous aider dans ce singulier travail. Cette petite scène qui n'était pas sur le programme se renouvela tout le cours de la soirée. Vers le milieu de la représentation, les bougies imprudemment coupées en morceaux trop petits, s'éteignant peu à peu, menaçaient de plonger public et artistes dans la plus complète obscurité, sans la présence d'esprît du chef de station qui fit apporter plusieurs disques du chemin de fer, qu'en un instant on accrocha aux montants des coulisses. C'est à l'aide de ce nouveau genre d'éclairage que la soirée se termina. Tout le monde avait ri de bon coeur, se prêtant amicalement à la situation difficile de ce théâtre improvisé. Un souper, offert à la troupe par les spectateurs, réunissait à minuit, dans le buffet de la gare, les artistes qui furent l'objet d'une longue manifestation sympathique, seulement interrompue à deux heures de la nuit par le départ du train.

Un wagon spécial, mis complaisamment à notre disposition, nous conduisit à Kizil-Arvat où nous arrivâmes à 6 heures du matin.

II

D'OUZOUN-ADA A KIZIL-ARVAT

Cette petite ville présente peu d'intéret et de curiosité; il n'y a à visiter que les vastes et élégants ateliers de construction du chemin de fer, éclairés à l'électricité et qui occupent un grand emplacement en face de la gare.

La société de Kizil-Arvat se compose exclusivement d'officiers et d'ingénieurs civils ou militaires, qui vivent tous en bonne intelligence, formant en quelque sorte une famille entièrement séparée des marchands persans et arméniens.

Les dames y sont en très petit nombre, mais toutes sont jolies, spirituelles et distinguées. Le club où nous devons jouer est un lieu de rendez-vous général. Cette fois nous y trouvons un théâtre mieux installé. Nous jouons le soir même devant un public comprenant assez bien la langue française. Un incident vint jeter une note comique; au milieu du second acte de „M-lle Nitouche" un orage suivi d'une pluie torrentielle éclate avec une telle violence, qu'il enlève la toiture. Nous sommes littéralement inondés, et nous devons, pour un moment, suspendre la représentation.

J'avais annoncé un seul spectacle à Kizil-Arvat, mais avant la fin de la soirée, le public me fit promettre de rester le lendemain pour en donner un second. Devant ce désir, formulé de la façon la plus aimable, nous décidâmes de rester un jour de plus. Cette soirée se termina par un souper qui se prolongea très-avant dans la nuit. Lorsque chacun se disposait à rejoindre le wagon qui nous avait amené le matin et qui devait rester en gare pour nous héberger, on nous apprit que, par une erreur involontaire, le wagon n'avait pas été décroché et avait continué sa route avec le train. Inutile de dépeindre le désappointement de chacun de nous. Les artistes après une pénible traversée et deux jours de fatigue, éprouvaient le besoin de goûter un repos qu'ils avaient bien gagné.

La ville de Kizil-Arvat ne possède pas d'hôtel; le club ne pouvant offrir en guise de lits que ses billards ou ses tables à manger; la troupe était donc menacée de camper sur la scène ou dans la gare. Pendant ce temps, la plupart des spectateurs étaient partis. Les artistes restés presque seuls, se lamentaient et commençaient à me lancer leurs plus violentes malédictions; Mais comme on dit dans „*La petite mariée* „Tout s'arrange, tout s'apaise": quelques officiers retardataires, s'apercevant de l'embarras de chacun de nous, offrent gracieusement à celui-ci un canapé, à celui-là une chambre où il pourra, tout au moins, passer la nuit. Deux ou trois artistes s'étaient déjà installés sur les billards du club. On les retrouva le lendemain, profondément endormis, sans souci du peu de confortable de leur lit de repos. Enfin, après un long moment de discussion, chacun de nous parvint à se trouver un gîte quelconque. J'étais le plus commodément installé grâce à la toute charmante hospitalité du capitaine Rodzievitch. La seule voiture qui existe pour le service des officiers du bataillon du chemin de fer, fut mise à la disposition des dames. Les hommes, portant leurs paquets de théâtre et piétinant au milieu de la nuit, dans une boue épaisse, à la recherche de leur logement, offraient un coup d'œil qui ne manquait pas d'une certaine originalité.

Le lendemain, c'était à qui raconterait de quelle façon charmante il avait été reçu; car ces messieurs les officiers ne s'étaient pas contentés de donner l'hospitalité, ils avaient poussé l'amabilité jusqu'à se priver de leurs lits, pour les offrir aux artistes français. Nous passâmes à Kizil-Arvat deux charmantes journées qui firent vite oublier les ennuis momentanés de la veille, et, dans un diner d'adieu, qui mit fin à ces deux jours de fête, les marques de la plus vive sympathie furent témoignées à la troupe française, non pas comme à des artistes qui avaient procuré quelques heures de plaisir, mais comme à des représentants d'une nation aimée avec franchise et sincérité.

Comme je l'ai déjà dit, le wagon destiné à la troupe, était parti avec le train qui l'avait amené; il s'agissait d'en trouver un qui pourrait contenir tous les artistes réunis. Le chef de la gare de Kizil-Arvat, n'en ayant pas à sa disposition, on nous offrit un ancien wagon de marchandise transformé pour le service du 3-me bataillon du chemin de fer. On y transporta tous nos bagages, grands et petits, et c'est au milieu de ce désordre de malles et de paquets que nous prîmes place, n'ayant pour nous asseoir que nos propres colis, et pour dormir que des espèces de couchettes en bois, mesurant à peine 40 centimètres de large, superposées sur les cotés du wagon en forme d'étagères. Ce qui expliquera ce peu de confortable, c'est que nous partions par un train de petite vitesse où il ne se trouve généralement qu'un petit wagon de seconde classe, dans lequel toute la troupe, désireuse de ne pas se séparer, n'aurait pu trouver place. Quant aux compartiments de 3-me ils sont impraticables dans les stations intermédiaires, étant donnée la quantité d'indigènes qui voyagent et parmi lesquels on se trouverait mal à l'aise *. Ce train dit „de passagers" n'a pas de restaurant comme le train poste; nous avions donc eu soin de nous munir de ce qui serait nécessaire à un souper que nous mangeâmes en famille. Une grosse malle renversée nous servit de table, les valises de sièges, nos doigts de couteaux et fourchettes, et un gobelet de voyage, passant de mains en mains, eut bientôt raison des boissons que nous n'avions pas ménagées. C'est dans ces conditions, et en oubliant le primitif de notre installation, que la nuit se passa presque tout entière. A cinq heures 30 minutes du matin, nous arrivâmes à Askabad, un peu étourdis de cette nuit sans sommeil, et considérablement alourdis par les bouteilles de bière que nous avions absorbées.

---

*) Le chemin de fer Transcaspien n'a encore à sa disposition que des wagons de 2-me et de 3-me classe. Les compartiments de 2-me, remplacent avantageusement ceux des 1-ères dans beaucoup de compagnies européennes.

III.

D'Ascabad a Mervv

M-me Guitard avait eu la délicate attention de préparer pour la troupe un substantiel chocolat et un café des plus réconfortants auxquels les artistes firent le plus grand honneur. Peu après ils se dispersèrent à la recherche des logements qu'on leur avait indiqués. Une fois installé, chacun se livra au repos nécessaire à la représentation du lendemain, qui eut lieu au club du commerce, dans un théâtre dont la scène assez bien installée, a été construite par monsieur Viatzki, directeur d'une troupe dramatique russe. Cette soirée réunit toute la société d'Askabad qui accueillit la troupe française avec le plus grand enthousiasme. Nous jouions M-lle Nitouche qui a beaucoup plu aux nombreux spectateurs comprenant très bien la langue française. Un incident, cette fois agréable, marqua cette représentation; au second acte, quand le lieutenant Champlâtreux, offrant son bras à M-lle de Flavigny, qui hésite à le prendre, lui dit: „Ne craignez rien, mademoiselle, vous êtes sous la garde de l'armée française!" et que cette dernière lui répond, d'un ton convaincu: „J'ai confiance, alors!!" des applaudissements spontanés, soulignèrent cette phrase un peu chauvine de l'opérette, et les deux artistes durent revenir, après leur sortie de scène, pour saluer le public dont les acclamations continuaient.

Le lendemain fut un jour de relâche que j'utilisais à terminer les préparatifs de notre départ vers Samarkande. Jusqu'à cette dernière ville, la difficulté de trouver des logements devenant de plus en plus grande, il s'agissait de parer à cet inconvéniant. Aidé de Rodziewitch, dont la complaisance pour moi ne s'est jamais démentie, je me rendis à la direction du chemin de fer, pour solliciter d'elle la faveur d'avoir un wagon dont le service serait spécialement affecté au transport et au logement de la troupe française. Monsieur le colonel Andreeff, sous-directeur, dont l'amabilité pour les français est si connue, me promit qu'une fois munis des billets de parcours, on ferait tout pour nous rendre le voyage plus facile. Le chef du mouvement, monsieur le colonel Brunelli, fut chargé de cette mission de complaisance qu'il a remplie avec une telle délicatesse, qu'il voudra bien me permettre de le remercier ici, au risque de blesser cette modestie dont il ne s'est jamais départi envers nous, depuis le moment où nous avons eu le plaisir et l'honneur de le connaître jusqu'à celui où nous avons eu le regret de le quitter.

Le Samedi 23, nous donnions Niniche, comme dernière représentation, devant un public encore plus nombreux qu'à la première. Partant le lendemain à 4 heures du matin, nous passâmes toute la nuit à faire nos bagages et, au petit jour, nous prenions le chemin de la gare où nous retrouvions de nombreux amis qui avaient tenu, malgré l'heure matinale, à venir nous serrer la main.

Après avoir pris nos billets, le chef de la station nous montra le wagon qui nous était destiné. C'était tout justement le même que nous avions pris à Ouzoun-Ada, le numéro 106 qui allait, cette fois, devenir notre maison pendant huit grands jours. En quelques minutes, ce wagon fut transformé en dortoir ambulant ou 14 personnes trouvèrent place assez commodément. Dans un des coins, on installa un fourneau portatif, et dans un autre, la cave indispensable à braver la chaleur qui commençait déjà à se faire sérieusement sentir. Pour la clarté de mon récit, je dois dire que la facilité de profiter d'un wagon personnel ne nous avait été accordée qu'à la condition que nous voyagerions dans le train de

„petite vitesse“ où il n'éxiste pas de wagon-restaurant; nos provisions de bouche n'étaient donc pas inutiles. Nous nous dirigeâmes sur Merw où nous devions arriver vingt-quatre heures après, de bon matin, pour jouer le soir même, sans souci des deux nuits blanches passées, l'une à faire nos bagages, l'autre sur les banquettes du wagon auxquelles nous n'étions pas encore suffisamment habitués. Après avoir traversé la région de l'Atek dont la Perse et la Russie se disputent encore le droit de territoire, vers deux heures de l'après-midi, le train s'arrête brusquement au milieu de la steppe, un wagon de marchandise à pris feu. Cet incident vient rompre, pour un moment, la monotonie de la route. Nous arrivons le lendemain à Merw avec trois heures de retard.

IV.

De Merv a Tcharjoui (Amou-Daria)

Une surprise assez désagréable m'attendait à mon arrivée. Les affiches envoyées depuis plus de dix jours avaient été égarées; si bien que le public ignorait complétement que la représentation dût avoir lieu le soir même. Que faire?... il était environ 10 heures du matin. Sans perdre une minute, je fais déballer des affiches et des programmes qu'avec l'aide de Rodziewitch nous arrangeons à l'usage de cette ville. Pendant trois heures, nous parcourons la ville entrant dans les maisons et les casernes, distribuant les programmes et vendant, nous-mêmes, les billets. Malgré ce contre-temps, la recette ne fut pas moindre qu'elle aurait été, c'est-à-dire assez faible. Parmi une soixantaine de spectateurs, une dame seulement et un officier semblent comprendre la langue française. A part ces deux personnes qui se fatiguent pendant toute la représentation à donner des explications aux autres, je doute fort que nous ayons amusé le reste de l'auditoire. Ayant vendu les places pour deux soirées, nous sommes dans la pénible nécessité de rejouer le lendemain devant ce public, peut-être très aimable, mais que nous ennuions autant que nous nous amusons peu nous-mêmes. Pour comble de malheur, la maladresse ou l'ignorance d'un commissaire du club faillit compromettre cette dernière représentation. Ce trop zélé „starchina“ * s'apercevant que la recette était moindre que la veille, et craignant sans doute pour sa caisse, crut de bon goût de me faire réclamer, par un simple *moucha*, et cela, avant le lever du rideau, l'importante somme de 8 roubles convenue pour la location du *théâtre*. Blessé de ce procédé peu courtois, et encouragé par les artistes qui ne souhaitaient pas mieux que de faire relâche, je fus sur le point de lui tirer ma révérence et de retourner dans notre wagon; mais je crus mieux faire en ne laissant pas supporter aux autres spectateurs le manque de tact de ce monsieur et ma mauvaise humeur. Pendant les deux jours que je suis resté à Merw, je n'ai rien vu d'intéressant dans la ville nouvelle. Seul, le vieux Merw offre aux amateurs quelques curiosités antiques, qui ont déjà été signalées par des écrivains géographes plus autorisés que moi.

---

* Commissaire d'un club.

De Merw à Tcharjoui, le train s'enfonce dans une vaste région sablonneuse où toute espèce de vie végétale ou animale a cessé d'être. C'est le désert de sable de Kara-Koum, dont le nom, en langue turkmène, signifie „sables noirs". Ce désert, qui commence près de Merw pour ne se terminer que vers les premiers oasis arrosés par les eaux de l'Amou-Daria, offre l'aspect morne et triste d'une mer déchaînée dont les vagues, hautes de 8 à 9 mètres, auraient été soudainement immobilisées par la volonté d'un mauvais génie présidant aux Dévastations. Lors de la construction de la voie ferrée, il arriva qu'un convoi d'eau et de vivres fut arrêté dans sa route par une tempête de sables et ne pût arriver à temps, au milieu de ces terrains brulants, pour sauver de la mort de malheureux travailleurs qui succombèrent aux horribles tortures de la soif. Le voyageur, qui traverse aujourd'hui ces contrées, à l'époque de la chaleur la plus torride, commodément installé dans un wagon-restaurant, ayant à sa disposition les boissons les meilleures et d'une fraîcheur irréprochable, peut être fier de la victoire que l'humanité a remporté sur les forces de la nature.

V.

De Tcharjoui a Samarcande

Après douze heures de ce chemin qui vous plonge dans une profonde tristesse, nous entrons brusquement dans l'oasis de Tcharjoui, à la riante végétation; c'est un véritable changement à vue. Les yeux, fatigués d'une poussière brulante et de cet horizon aux couleurs uniformes, se reposent tout à coup à l'aspect de ces verdoyantes prairies et se réjouissent à l'approche de la ville dont on aperçoit déjà les ravissants jardins. La brise, venant de l'Amou-Daria, nous apporte bientôt une douce et agréable fraîcheur qui nous permet de respirer plus à l'aise. La nouvelle gare de Tcharjoui n'est pas encore achevée; cependant la station actuelle, dans toute sa simplicité, présente un joli coup d'oeil à l'arrivée de chaque train. On s'aperçoit que l'on pénètre plus avant dans l'Asie centrale. Les costumes des Sartes et des Boukariotes, aux couleurs bariolées, se montrent déjà dans toute leur originalité. On dit que la ville de Tcharjoui a beaucoup perdu depuis que le siège de l'administration du chemin de fer a été transférée à Askabad; je ne l'ai pas connue alors, je ne puis donc établir aucune comparaison avec ce qu'elle est aujourd'hui, mais je dois dire que le général Annenkoff y a laissé des marques très visibles de son séjour.

La scène où nous devons jouer, a été préparée dans un cirque par les soldats du chemin de fer, obligeamment prêtés par le colonel qui gouverne la ville. Là comme ailleurs, il faut bien nous contenter des ressources qui sont mises à notre disposition. Un seul décor, sur lequel on a de la peine à distinguer une forêt, sert aux 4 actes de „M-lle Nitouche“, mais le public n'y regarde pas de si près, et se montre satisfait. L'excellente musique du 3-me bataillon, sous la direction de son chef monsieur Gaïnotti, prête son concours à cette représentation, et, chose intéressante à signaler, avant le spectacle elle joue devant la porte du cirque pour attirer le public indigène très friand de la musique militaire. C'est la réclame du dernier moment.

Ce cirque d'une assez vaste dimension, présente un coup d'oeil assez agréable Les dames occupent, en grande partie, les loges du pourtour. Dans celle de face, se tient Hadjar-Kouli, beg de Tchardjouï, entouré de sa suite et accompagné d'un interprête qui lui traduit la pièce au furet à mesure que les scènes se déroulent. Il parait s'intéresser beaucoup à ce spectacle auquel il assiste assurément pour la première fois, et, à maintes reprises, il joint ses applaudissements à ceux des autres spectateurs. Dans la piste, sur laquelle on a placé des chaises, complaisamment prêtées par les habitants, se tiennent les officiers et les fonctionnaires de tout rang. Dans ce grand local le piano seul fait triste figure, après les accords bruyants de la musique militaire. La représentation terminée, nous nous rendons au buffet de la gare où un superbe banquet nous est offert sous la présidence du Beg qui a tenu à nous remercier de la soirée qu'il a passée. C'est un jeune homme d'une trentaine d'années, d'une grande noblesse de traits mélangés de type arabe et de type persan. Derrière lui, se tient humblement son interprète qui transmet en langue russe les compliments dont il n'est certes pas avare. Il s'excuse de ce que, prévenu trop tard, il n'a pu revêtir un costume en rapport avec la circonstance... mais que je veuille bien lui faire le plaisir de me rendre chez lui le lendemain avec M-me Lassalle, il nous recevra dans son costume de cérémonie. On nous fait remarquer que c'est là un très grand honneur qu'il compte bien nous faire. Il ne semble pas s'ennuyer dans la société des artistes français, car il ne prend congé de nous que vers les deux heures du matin. Après son départ, la musique militaire qui n'avait cessé de jouer pendant tout le souper, attaque une valse, et les danses commencent pour ne s'arrêter qu'au jour. Ce fût une charmante nuit toute de gaîté et de bon aloi dont nous sommes redevables à l'aimable initiative du Prince Kilkoff et du lieutenant Skirmunt, le sympathique chef de la station. A une heure aussi matinale, il était trop tôt ou trop tard pour se coucher. Quelqu'un ayant eu la bonne idée de proposer le passage du fameux pont construit sur l'Amou-Daria, nous partîmes en draizines *. A cet endroit, le spectacle est vraiment magnifique, et donne une idée complète du génie humain. Ce pont, qui mesure plus de deux kilomètres de longueur, entièrement construit en bois, sur ce fleuve au courant rapide et dont le lit change à chaque moment, prouve ce qu'il a fallu d'énergie, de travail, et de courage aux officiers et soldats russes qui ont accompli, en si peu de temps et au milieu de difficultés sans nombre, un travail qu'eux seuls pouvaient entreprendre. Les sept

* Petits wagonnets que l'on fait marcher soi-même, au moyen d'un bras de levier à crémaillière actionnant les roues.

verstes qui séparent Tchardjoui de Farap sont reliées par le pont de l'Amou-Daria. Farap est la première station que l'on rencontre en se dirigeant vers Boukara. Là, nous allons rendre visite à l'ingénieur Lebrun, un vrai français, qui nous reçoit dans sa famille avec la plus franche cordialité. Nous revenons quelques heures après à Tchardjoui où une nouvelle fête nous est préparée. Au milieu de tous les plaisirs que l'on nous prodigue si gracieusement, je ne puis oublier celui qui a été en réalité le vrai constructeur de ce chemin de fer, et qui nous fournit l'occasion de recueillir, au centre de l'Asie, toutes ces marques si touchantes de sympathie. Plein d'un enthousiasme bien légitime, j'adressais au général Annenkoff, alors à Pétersbourg, le télégramme suivant: „*Les artistes français, pre-*
„ *miers venus en Transcaspienne, ont l'honneur*
„ *de remercier votre Excellence qui leur a four-*
„ *ni le moyen de représenter en Asie centrale*
„ *les oeuvres des librettistes et compositeurs fran-*
„ *çais, et d'y recueillir les marques de la plus*
„ *vive sympathie pour la France. Nous serons*
„ *demain dans la ville de Tamerlan qui, nous*
„ *l'espérons, ne sera pas la dernière étape de*
„ *votre grande mission civilisatrice.*“ Le général Annenkoff me fit l'honneur de me répondre aussitôt: „*Remercie chaleureusement vous et*

„ *la troupe française, de votre aimable télégram-*
„ *me. Mes souhaits de bonne réussite vous ac-*
„ *compagnent*".

Après la charmante fête offerte si amicalement par le colonel d'intendance Boulatoff nous partons ma femme et moi, pour le palais du beg Hadjar-Kouli, accompagné d'un officier qui parle couramment le français et la langue sarte. Arrivés au vieux Tcharjoui nous traversons en voiture le bazar qui offre, à mon avis, la même curiosité que celui de Boukhara et nous arrivons aux portes du palais gardées par deux soldats Boukariotes qui me font l'effet de deux figurants mal habillés; à notre approche, ils abaissent, en signe de salut, leurs deux sabres rouillés. Plusieurs serviteurs, prévenus de notre arrivée, nous introduisent dans cette demeure où pour pénétrer jusqu'au Beg, il nous faut passer par cinq ou six murs de ronde reliés entre eux par des sortes de labyrinthes aux portes étroites et basses. Après un quart d'heure d'une gymnastique très fatiguante, en cette saison caniculaire, nous pénétrons dans un très joli jardin au fond duquel s'élève une superbe terrasse toute recouverte de riches tapis de Merv, et de Boukhara. C'est là, qu'entouré de nombreux serviteurs, le Beg nous attendait dans son magnifique costume de gala. Si ce n'est une certaine timidité que trahit fort peu son visage pâle et maladif, j'avoue qu'il a un aspect assez décoratif. A notre approche, il descend poliment les marches de la terrasse qui conduisent au jardin, serre la main au capitaine et à moi et s'incline respectueusement devant M-e Lassalle. Il nous invite alors à nous asseoir autour d'une table préparée à notre intention et sur laquelle se trouvent, en guise de hors-d'oeuvres, des bonbons de toutes sortes et de toutes couleurs. Par politesse nous goûtons à ces sucreries que nous offrent les domestiques, avec une dignité toute orientale. Je m'aperçois que ces bonbons sont préparés à la graisse de mouton et que mon estomac ne me permettra pas d'en manger davantage. Le Beg nous fait demander si nous trouvons ces mets à notre goût; sur notre affirmation, toute de convenance, les serviteurs remplissent nos assiettes et nous voilà forcés d'avaler ces bonbons, par politesse pour le Beg, et pour la plus grande gloire du suif de mouton! On nous servit ensuite, arrosés de thé, des fruits confits *à la pommade*, une soupe à l'eau et au riz, des pois chiches, du *pilau* aux carottes, une omelette sèche, des petites boulettes de viande hâchée, dans une sauce certainement ignorée de Vatel, et une demi-douzaine de plats, contenant une quantité de viandes froides coupées en morceaux minuscules. Bien que sur la terre ferme, j'avoue que nous commencions à ressentir les premières atteintes du mal de mer, lorsque notre hôte nous invita à visiter sa propriété, que j'ai trouvée, je l'avoue, plus à mon goût que son *dîner*. Quoiqu'il en soit, il fut charmant à sa manière, et j'aurais mauvaise grâce à me plaindre de sa réception. Après avoir pris congé de lui nous rentrâmes à Tchardjoui très satisfaits, du reste, de notre excursion.

Le soir nous donnions notre dernière représentation et nous partions le lendemain emportant un excellent souvenir de cette petite ville habitée par un public peu nombreux, mais d'une obligeance et d'une amabilité parfaites. Nous passons, pendant la nuit, la station de Boukara où nous ne devons nous arrêter qu'au retour et le 31 Mars nous arrivons à Samarcande. Là, du moins, nous pourrons enfin trouver des hôtels qui nous reposeront de notre wagon-dortoir, où nous venions de passer huit jours, privés de la possibilité de nous déshabiller et par conséquent de jouir d'un repos complet.

VI.

SAMARCANDE

De la gare de Samarcande à la ville, éloignée de trois bons quarts d'heure, la route est magnifique, bien entretenue, et bordée de chaque côté d'arbres aux branchages épais et touffus. La ville ressemble à un immense parc dans lequel on a de la peine à distinguer les maisons très-distancées les unes des autres. Au bout d'une esplanade plantée de peupliers, on aperçoit des monceaux de ruines de l'ancienne Samarcande, que dominent les grands dômes bleus des palais et quelques minarets que le temps a respectés. Le quartier européen est composé exclusivement de jardins, d'avenues d'arbres d'une régularité peut-être un peu trop parfaite, ce qui rend monotones les promenades que l'on peut faire. Le véritable endroit intéressant pour l'amateur de l'art arabe, est assurément la vieille ville. D'abord le tombeau de Tamerlan, qui repose dans la crypte d'une mosquée assez bien conservée. Une pierre de nuance verdâtre, que l'on dit être en néphryte, est placée sur le tombeau. Dans la direction de la Mecque une haute et vieille hampe d'étendard, à laquelle pendent une queue de cheval et un lambeau d'étoffe verte rappellent, sans doute, la toute puissance de Tamerlan. Autour de son tombeau reposent aussi les corps d'autres descendants, de plusieurs de ses femmes, et de son petit-fils, Ouloug-Beg. Dans le quartier de la citadelle, où les russes ont établi des bureaux administratifs et militaires, des mosquées ont été changées en hopitaux; quelques-unes cependant sont restées à peu près ce qu'elles étaient. Les mieux conservées sont celles qui entourent la place du Bazar, dont le coup d'oeil est vraiment féerique au moment du marché. Plus loin, en longeant des ruelles sans cesse remplies d'une foule d'hommes aux costumes bigarrés, tous montés, deux et souvent trois, sur des chevaux ou des ânes, on arrive au palais habité naguère par Tamerlan. Au centre d'une cour de ce palais, assez bien conservé, se trouve une grosse pierre de marbre grisâtre, haute d'un mètre et demi et longue de trois, que, d'après Elisée Reclus, Tamerlan aurait fait apporter de Brousse et qui lui servait de trône. Cette pierre est le Kok-Tack; elle se trouvait autrefois dans un autre palais dont les ruines se voient à plusieurs kilomètres de la ville. Après Timour, ses successeurs venaient s'y asseoir pour prendre possession de l'empire, et le bourreau y tranchait la tête des prétendants malheureux.

Dans une des salles de ce premier palais, on y montre encore aujourd'hui, au fond d'une crypte obscure, éclairée jour et nuit par un lampadaire, un tombeau bien entretenu que les gardiens vous affirment être celui du frère de Mahomet. A droite de la crypte dorée, sur un entablement en marbre blanc, se trouve un manuscrit du Coran mesurant environ deux mètres de long sur 70 à 80 centimètres de large, soigneusement recouvert d'une étoffe ancienne brodée d'or et d'argent.

Malgré l'excessive curiosité qui nous retiendrait plus longtemps au milieu de ces merveilleuses constructions de l'antiquité, nous devons revenir dans la ville européenne pour songer aux choses pratiques. Nous visitons le théâtre construit au milieu d'un beau jardin, par une société d'amateurs. L'entrée rappellerait plutôt celle d'un hangar ou d'une remise, mais l'intérieur est proprement tenu; les places y sont confortables et bien ménagées et la scène, assez vaste, est munie des décors suffisants à la représentation des pièces du répertoire courant. Le lieutenant Sokoloff, régisseur de la société, se met aussitôt à notre disposition, avec toute l'amabilité possible et nous facilite beaucoup notre tâche. Grâce à son aimable intervention, nous sommes munis de tous les accessoires nécessaires, et, cette fois, nous pouvons assez proprement présenter aux spectateurs „Nitouche et Niniche“. On nous reproche cependant de n'avoir pas d'orchestre et un spectateur nous fait ingénûment observer que nous eussions mieux fait de faire accompagner nos opérettes par une musique militaire plutôt qu'à l'aide d'un simple piano!... Cette observation, formulée de la façon la plus naïve, n'est pas sans nous occasionner un certain, moment de gaîté que nous dissimulons le plus adroitement et le plus poliment possible. Quoiqu'il en soit ces deux soirées ont réuni un public nombreux, comprenant parfaitement la langue française et qui a semblé se divertir à souhait. Pendant le temps que nous sommes restés à Samarcande je dois dire que là, comme ailleurs, nous avons mis à contribution de complaisance beaucoup de personnes qui s'y sont prêtées avec la meilleure grâce du monde; je dois remercier tout particulièrement le capitaine Poiré qui nous a sacrifié son temps comme à des amis de longue date, et la rédaction du journal „Okraïna“ qui a été pour la troupe d'un précieux appui.

VII.

De Samarcande a Tachkent

Le dimanche 7 Avril mes affiches promettaient à la ville de Tachkent la première représentation de la troupe française et nous étions encore le jeudi 4 à Samarcande. Il s'agissait pour quatorze artistes d'arriver au jour indiqué, sans s'arrêter en route et de parcourir 300 verstes avec 70 pouds de bagages. On nous fit remarquer qu'à moins d'un heureux hasard, il nous serait impossible de trouver à chaque relais les 18 chevaux nécessaires à nos six tarantas. La perspective de notre arrivée à Tachkent, n'était pas plus gaie que celle du voyage; surtout quand nous pûmes nous rendre compte des conditions, dans lesquelles nous devions accomplir cette route. A huit heures du matin, après avoir fait charger les malles et les petits colis, qu'on nous avait fait, par prudence, recouvrir d'un feutre épais, solidement cousu et ficelé, nous prîmes place en nous divisant, par trois, non compris nos cinq chiens, dans chacun de ces instruments de torture appelés tarantas. Nous avions, au préalable, fait garnir le fond des véhicules d'une épaisse couche de foin vert, sous laquelle chacun avait entassé son vin, sa bière, et les provisions de bouche dont nous avions eu soin de nous munir. C'est ainsi que huchés et cahotés nous prîmes le galop vers le premier relais de poste. A une quinzaine de verstes de Samarcande il s'agit de traverser cinq ou six bras d'une rivière appelée Zerafchane qui serpente entre deux montagnes. L'eau, à cette époque de l'année, n'était pas assez haute pour qu'on eût besoin de nous transporter sur des *arbas* aux roues plus élevées, mais assez cependant pour voir nos malles trempées à plusieurs reprises dans le courant rapide, et nous-mêmes sur le point de ressentir la fraîcheur d'un bain de siège improvisé. Guidés par des sartes à cheval dont les fonctions consistent à indiquer tout le jour aux cochers et aux caravanes les endroits les moins profonds de la rivière, nous arrivons, au milieu des cris des dames et des hurlements des chiens, au bout de ce passage difficile et périlleux. Quelques verstes encore, et nous sommes au premier relais, où aucune difficulté ne se présente pour le changement des chevaux, mais où il nous faut prendre de nouvelles voitures. Ce supplice qui consiste à défaire son installation et toujours à la refaire, se renouvellera treize fois encore avant notre arrivée à Tachkent. Malgré l'heure matinale, chacun songe aux besoins de son estomac; mais déjà la plus grande partie du liquide a disparue. Les cahots perpétuels du tarantas ont brisé les bouteilles, et nous sommes dès à présent certains, qu'après quelques verstes nous serons totalement privés de boisson. Quelques artistes voulant se donner le courage indispensable à continuer ce trajet qui cependant ne fait que commencer, absorbent imprudemment leurs provisions; d'autres ont la patience de tenir religieusement entre leurs mains ces bouteilles qui leur seront certainement utiles le lendemain. C'est dans ces conditions que nous passons la première journée, sans aucun retard, et avec l'incroyable chance de trouver à chaque relais de poste les chevaux nécessaires, mais pour toute nourriture des oeufs et pour boisson désaltérante, du lait, souvent mélangé de celui de jument.

Chaque tarantas, bon tout au plus pour deux personnes, en contient trois; ainsi serré et meurtri, couvert d'une épaisse poussière, nul ne peut dormir et cependant la nuit arrive où les moins robustes et les plus fatigués, devront succomber au besoin du sommeil. Je décide qu'à tour de rôle, chacun prendra place à côté du *yemtchic* * et sera remplacé par celui qui

---

* Cocher.

se sera reposé quelques heures; mais impossible à aucun de nous de pouvoir seulement reposer sa tête, tant les cahots sont violents et répétés. C'est le roman comique de Scaron, moins sa confortable diligence et son côté plaisant, car jamais le „désert de la faim“ que nous traversons ne pourra rappeler la ville du Mans, même sans ses poulardes. On dit, „qu'une mauvaise nuit est bientôt passée“. Celle-ci nous parût pourtant très longue. Le lendemain, les artistes, se souciant fort peu de leur arrivée au jour indiqué à Tachkent, et maudissant les maîtres de poste, toujours prêts à nous fournir des chevaux, menaçaient de s'arrêter dans un des relais ne pouvant plus continuer ce voyage, que nous faisions, il est vrai, comme emportés par le vent. Quelques paroles d'encouragement et quelques bouteilles que le tarantas avait épargnées, eurent bientôt raison de cet instant bien légitime de découragement; nous partîmes vers le Cyr-Daria, où un orage malencontreux nous obligea à rester deux heures, attendant sur ses bords que le vent fût calmé, et permît au bac de nous passer sur l'autre rive, sans courir le risque de briser ses amarres. Ce retard nous fit arriver à Tachkent dans la nuit, ce que je voulais à tout prix éviter, ne sachant où la troupe pourrait descendre. J'avais bien, à mon départ de Samarcande, et par mesure de précaution, lancé un télégramme à un français tenant une espèce d'hôtel; mais aurait-il un local suffisant pour loger quatorze personnes? Mes craintes ne tardèrent pas à se justifier, car cet *Hôtel* n'avait à sa disposition qu'une douzaine de chambres déjà occupées. Les artistes fûrent dans la l'obligation de se contenter de modestes réduits qu'ils trouvêrent difficilement. Je fûs, moi-même, contraint de passer la nuit dans une immense salle de restaurant où l'on mît à notre disposition deux lits sartes, rappelant à quelque chose près les anciens lits de sangle. Quoique mieux installés, notre sommeil fût encore troublé par le souvenir du tarantas, avec le bruit de son agaçante clochette mêlé au sifflet sourd et fatiguant du sarte excitant ses chevaux.

VIII.

TACHKENT

Comme dans chaque ville, le lendemain fut consacré aux visites officielles. Le Gouverneur général, le baron Vrewski, fut pour moi d'une amabilité parfaite et me reçut avec une telle simplicité que je fus tout de suite à l'aise dans son magnifique salon de réception, rempli des plus beaux tapis de Merw et de Boukhara. Il me promit de faire tout son possible pour assurer le succès de nos représentations. Je dois dire qu'il a tenu largement sa promesse.

Le colonel Chadourski que j'avais eu le plaisir de rencontrer à Samarcande m'avait fourni les meilleurs renseignements et donné les conseils les plus efficaces pour me faciliter mon séjour dans la capitale du Turkestan. Grâce aux lettres de recommandations qu'il avait bien voulu me donner et à la complaisance de M. Stieffel, professeur de français, qui s'est prêté à toutes mes exigences avec une patience dont je lui sais gré, je fis d'utiles connaissances parmi les membres de la „Société artistique“ dont j'ai eu plusieurs fois grand besoin.

Les habitants de Tachkent aiment le théâtre et la musique. Les soirées données par des artistes-amateurs sont très suivies. Les recettes de ces spectacles alimentent la caisse de la société. Artistes, choeurs, orchestre, choisis dans le meilleur monde de la ville se prêtent volontiers, et avec une certaine entente, aux exigences de ces spectacles qui, organisés par M-me Vladimiroff, procurent aux habitants de Tachkent de charmantes soirées. Avant nous, l'opérette avait fait en quelque sorte son apparition sur le petit théâtre de cette ville. L'an passé, ces Messieurs et ces Dames avaient eu l'heureuse idée de jouer entre eux „La Mascotte" qui avait pu fournir sept représentations avec une moyenne de 500 roubles. La société fut donc largement récompensée de ses peines qui durèrent pendant trois longs mois de répétitions. Je regrette de n'avoir pu assister à ces soirées, mais j'applaudis de grand coeur à la bonne volonté des dilettanti qui, m'a-t-on affirmé, ont très bien réussi dans leur tentative difficile.

Cet *amour du théâtre* expliquera bien plus que la curiosité du nouveau, la réussite des représentations françaises, qui réunirent à chaque soirée un public nombreux, intelligent et connaisseur.

La ville de Tachkent qui est beaucoup plus

grande, quoique moins étendue, peut être, que celle de Samarcande, présente une certaine analogie avec cette dernière. Les rues y sont aussi tirées au cordeau, bordées de courants d'eau ombragés par deux rangées de peupliers aux cimes élégantes et élevées. Les maisons qui n'ont qu'un rez-de-chaussée sont toutes entourées de jardins où poussent assez facilement tous les légumes et les fruits d'Europe. Le quartier commerçant diffère cependant un peu de celui de Samarcande. Dans les magasins, qui rappellent un peu ceux d'une importante ville de province, on peut, à un prix modéré, se procurer tout ce qui est nécessaire. Dans cette partie de la ville, les habitations d'une architecture assez prétentieuse, possèdent plusieurs étages. Les progrès de cette cité en plein coeur de l'Asie Centrale, sont dûs à la remarquable administration du général Kauffmann qui devint, après la prise de Khiva, le Gouverneur général du Turkestan, et que la mort a ravi trop tôt à la sympathie dont il jouissait dans le pays. Son corps qui repose dans un parc planté d'ormeaux, entouré des canons et des boulets pris aux Turcomans, est l'objet d'un soin tout particulier qui fait le plus grand honneur à ceux qui ont rendu un juste hommage à sa glorieuse mémoire.

Tachkent possède quelques édifices qui méritent d'être signalés. D'abord, le club, dont le luxe n'a d'égal qu'en ceux des plus grandes capitales. Construit en forme de théâtre, sur un des plus jolis boulevards de la ville, ce cercle est le rendez-vous habituel des familles composant la société de Tachkent. La salle des fêtes, dans laquelle se trouve une scène large et profonde, est vraiment grandiose et richement décorée. Elle peut facilement contenir, avec sa galerie circulaire, plus d'un millier de personnes confortablement assises. Le théâtre étant assez éloigné de la ville, c'est dans ce local que se donnent, la plupart du temps, les spectacles extraordinaires, mais un réglement dn cercle, n'autorise pas un prix d'entrée dépassant un rouble. Puis, la nouvelle cathédrale, du plus beau style moscovite qui s'élève sur une des plus grandes places de la ville, et dont la construction est due à la générosité publique. Ensuite le palais du Grand-Duc Constantin-Constantinovitch, dont l'architecture rappelle un peu trop celle d'une coquette gare de chemin de fer; la maison du Gouverneur général plus modeste, mais présentant, avec son gracieux portique en bois découpé, une certaine originalité dans sa simplicité. Parmi les grands magasins, je citerai ceux de Zako et de Keller qui clôturent cette trop courte nomenclature.

Nous nous trouvons à Tachkent juste à l'époque du Ramadan ou Ramazan, c'est à dire à l'époque où les musulmans observent, tout le jour, un jeûne strict et sévère et se livrent au coucher du soleil à toutes les extravagances d'une noce orientale. On nous invite à assister à ce spectacle très intéressant et très curieux. Ayant habité Constantinople, j'ai eu l'occasion d'assister aux soirées du Ramazan dans les quartiers turcs, mais je dois dire que le coup d'oeil ici est tout autre, et présente une certaine différence en faveur de la ville sarte. Nous nous y rendons en compagnie du général Lébédieff qui veut bien nous faire l'honneur de nous conduire, et avec M-r Baumgarten qui nous servira gracieusement d'interprète. Nos phaétons sont précédés chacun d'un „djiguit“ agent de la police indigène, qui nous fait faire place au milieu de la cohue compacte qui obstrue les rues de cette vieille cité. Sur tout notre parcours nous sommes l'objet des marques du plus grand respect de la part des sartes, qui s'inclinent profondément à notre approche. Les trois phaétons qui nous conduisent, d'un train assez rapide, au milieu de la populace refoulée par la police, produisent une impression facile à percevoir sur les physionomies de ces silencieux musulmans, un peu surpris de nos costumes européens, et encore plus étonnés à l'approche des dames françaises en toilettes tapageuses. Nous prenons place dans un restaurant en plein air, où, avec force révérences, on nous invite à nous asseoir sur des chaises qu'on a apportées à notre intention, ce meuble étant, pour les orientaux, un objet absolument inutile!!!

Nous sommes, me dit-on, dans un établissement renommé pour son habileté à préparer l'inévitable *pilau* que l'on nous sert à profusion avec des nougats, des pistaches, des sucreries de toutes sortes; le tout accompagné d'une musique, qui, je le crains, ne deviendra jamais celle de l'avenir.

En un instant, le devant de ce restaurant est rempli d'une foule d'hommes et d'enfants dont nous excitons la vive curiosité; toute cette foule se meut au milieu d'un calme et d'un silence, interrompu seulement par le chant monotone des cailles, oiseaux favoris des sartes qui les élèvent dans des cages, avec un soin tout particulier, pour les destiner ensuite à ces combats qui rappellent ceux des coqs en Angleterre. Les sartes ont en haute estime cette sorte d'amusement. Une dizaine de nos gamins de Paris feraient à eux seuls plus de bruit que les milliers de sartes qui passent et repassent dans un ordre parfait. M. Baumgarten a eu la précaution d'apporter quelques bouteilles d'un excellent vin de Samarcande, qui nous dispense du thé vert, sans sucre, avec lequel les sartes se livrent à de véritables libations. Nous nous rendons ensuite sous une tente, rappelant absolument une de nos barraques de foire, qu'on nous dit être le *théâtre sarte*. Notre entrée dans ce local, occupé déjà par un nombreux public, produit un certain mouvement parmi les placides spectateurs qui se lèvent et s'inclinent en apercevant l'uniforme du général Lébédieff. Les places les meilleurs nous sont offertes et le commencement de la représentation ne se fait pas attendre. C'est d'abord *güignol* dans son état le plus primitif, avec son bon et mauvais génie, et ses traditionels coups de bâton. Un vieillard, à l'organe aigu et fatiguant, explique, avec des intonations étranges, imitant le crescendo d'un accordéon, le sujet de la pantomime. Chaque phrase de son discours est accompagnée du bruit d'un tambour sans timbre, sur lequel il frappe avec un acharnement comique. Cette représentation, qui dure bien en tout quinze minutes, se termine par l'exhibition d' un arabe qui s'introduit dans la bouche une quantité énorme de morceaux de charbons allumés dont il fait sortir les étincelles, par la bouche et les narines, en pluie d'artifice. Cet artiste, dans son genre, paraît avoir satisfait le public qui accompagne sa sortie de hourras et d'applaudissements frénétiques auxquels, du reste, nous nous associons de bon coeur. C'est avec peine que nous faisons accepter au directeur le montant du prix de nos places. J'ai pensé plus tard que sa générosité était due, sans doute, à la politesse qu'il voulait me faire en ma qualité de *confrère*.

Nous avions donné la veille notre troisième et dernier spectacle, car la septième semaine du Carème était arrivée; les représentation en toutes langues sont interdites à cette époque dans tous les théâtres de l'Empire russe. Nous voulions profiter de ce laps de temps pour nous reposer d'abord quelques jours, puis reprendre notre chemin vers Samarcande, où nous étions attendus pour les fêtes de Pâques. J'avais compté sans l'entrainement du public de Tachkent, qui me demanda de rester pour les fêtes; je devais apparemment faire de meilleures affaires que dans les autres villes de moindre importance. Ne prévoyant pas les contre-temps qui devaient surgir, je résolus de rester à Tachkent où déjà nous avions pris nos habitudes, et où chacun de nous se plaisait beaucoup. D'un autre côté ce repos forcé était indispensable aux artistes et à moi-même, car dans des conditions difficiles, nous venions de parcourir depuis notre départ de Tiflis, et cela en 30 jours d'un voyage fatiguant, plus de 3000 kilomètres, en donnant 15 représentations.

Nous passons cette semaine de relâche de la façon la plus agréable; invités chaque jour dans des familles qui nous reçoivent comme des amis de la maison, et sans jamais nous mettre à contribution de chansonnettes ou de monologues, ce dont je ne saurai trop les remercier. Je fais connaissance de monsieur Kale, un employé du Gouverneur-général, qui me procure une charmante journée de chasse aux bécassines, qui, encore au mois d'Avril, sillonnent les marais s'étendant à 35 verstes de Tachkent, sur la route qui conduit à Hodjent. Le pays, très giboyeux nous fournit, l'occasion de tirer quelques coups de fusil sur des bécassines et des cailles que nous revenons manger à l'hôtel Révillon, dont la cuisine française est réputée dans la capitale du Turkestan. M. Révillon, arrivé il y a 25 ans comme professeur de langue française, a cru plus pratique de se livrer, depuis, aux délices de l'art culinaire. Il s'en acquitte, il est vrai avec un zèle parfait, qui, par les fins gourmets, n'est pas toujours couronné de succès.

Ce même jour, arrive un télégramme annonçant la mort de S. A. le Grand Duc Nicolas et prescrivant un deuil de trois mois à l'armée. Cette nouvelle n'est pas sans me laisser de grandes préoccupations sur la possibilité de donner mes spectacles pour les fêtes de Pâques. Eloignés comme nous le sommes, il n'est pas facile de se procurer les renseignements exacts sur les ordonnances Impériales ayant trait à la question des théâtres et à la fermeture qu'ils devront subir. Je me rends immédiatement à la chancellerie du Gouvernement, pensant y trouver les détails explicatifs et nécessaires en pareil cas; mais la dépêche de Pétersbourg était muette au sujet des spectacles. Le maître de la ville, malgré son amabilité et son désir de m'être agréable, était obligé de suspendre les représentations, jusqu'à ce qu'il ait reçu du ministre un télégramme plus explicite.

Six jours après, seulement, je recevais l'autorisation de pouvoir donner mes représentations.

Grâce à l'amabilité de Monsieur et de Madame Rheinbott, à l'hospitalité de M-r le colonel Chapline et à la gaîté toute franche de sa dame, nous passons pendant ce temps les soirées les plus charmantes, et dans un milieu, où la langue française fait les frais de la conversation.

Le samedi 20 Avril la famille Carali, qui nous a souvent reçus chez elle de la façon la plus aimable, nous invite à assister à la cérémonie qui précède, dans la nuit, la fête du Dimanche de Pâques. La petite cathédrale de Tachkent, étoilée de mille lumières, remplie d'officiers, de fonctionnaires en grand uniforme, et d'une foule de fidèles, portant tous un cierge allumé, offre un coup d'oeil vraiment admirable Derrière l'évêque officiant, vieillard aux cheveux d'argent, qui a assisté, me dit-on, à la prise de Tachkent et dont les habits sacerdotaux sont ornés de nombreuses décorations pour le mérite et le courage, sont rangés dans l'ordre hiérarchique, les plus hauts dignitaires de la ville. Cette cérémonie se passe au milieu d'un profond respect religieux que dominent seul les tintements bruyants d'un joyeux carillon et le grondement sourd du canon qui tonne sur la citadelle. Cette fête religieuse, dans la nuit, au milieu de ce monde lumineux qui remplit l'intérieur de la Cathédrale et se meut sur la place qui l'environne, est un des plus imposants spectacles qu'il m'ait été donné de contempler.

Les quelques jours qui nous séparent de celui qui nous permettra de reprendre nos représentations se suivent et se ressemblent. M-r Kone, associé d'une importante maison de Boukhara, vient par ses amabilités de chaque instant augmenter la liste de toutes les personnes aux quelles nous devons un tribut de reconnaissance. Le soir de la fête de Madame la générale Lébedieff, il nous est donné d'assister à une représentation de la „Mascotte" par des enfants dont le plus âgé, n'a certainement pas atteint sa quinzième année. C'est vraiment charmant de voir avec quel sérieux et quel entrain ces petits artistes remplissent leurs rôles; il me faudrait les nommer tous pour rendre justice à leurs jeunes talents. Cette soirée s'est terminée par des choeurs russes dont je suis très amateur et qui ont le don d'exciter toujours en moi une impression agréable étrange et inexplicable.

Après ces relaches funestes pour nos intérêts, le moment approchait enfin de reprendre nos représentations. La chaleur devenant assez intense, le maître de la ville voulut bien mettre à ma disposition le théâtre ouvert, qui fut construit il y a un an dans le grand jardin de la ville, à l'occasion de l'exposition régionale de Tachkent. C'était le moment de réparer les pertes assez sensibles éprouvées à la suite de ce trop grand repos. Je prépare alors, avec tous les éléments dont je peux disposer, une représentation dont une partie du produit de la recette sera versée dans la caisse des pauvres. Je promettai sur mon affiche, à la fin de la soirée, une brillante fête de nuit avec illumination, flammes de bengale, feu d'artifice, etc, etc; malheureusement le matin même, une pluie torrentielle emporta avec elle les préparatifs de la fête, et ne permit pas d'ouvrir le jàrdin. Le public y perdit l'occasion d'un spectacle en plein air, les pauvres la part que je leur destinai, et moi, une recette qui s'annonçait fort belle.

Le surlendemain, un accident nouveau compromettait la soirée. A huit heures, alors que le public était déjà réuni dans la salle du théâtre, Madame Lassalle, prise d'un violent malaise, se trouve dans l'impossibilité de commencer la représentation, et moi dans l'obligation de rendre l'argent aux spectateurs qui se retirent fort mécontents. Quelques uns, dans ce moment de mauvaise humeur, prétendent que cette maladie subite n'est survenue que pour les besoins de la cause, la recette n'atteignant pas le chiffre des précédentes. Je suis invité par quelques amis à affirmer par voix d'affiches l'absolue vérité de la maladie de Madame Lassalle. Je m'éxécute de bonne grâce et... *tout est bien qui finit bien.*

Tous ces contre-temps répétés m'indiquent que l'heure du départ a sonnée; le feu de paille a brûlé. Sur ses cendres, on n'élèvera certainement pas un monument à notre mémoire, mais nous y laisserons, je crois, un bon souvenir de notre passage. C'est mon seul désir.

IX.

Retour a Samarcande

Après un dernier dîner auquel je suis convié par le capitaine Krifsoff, l'ami de tous les français qui visitent Tachkent, le 2 Mai, et cette fois mieux installés, nous reprenons l'interminable route de Samarcande dans les tarantas, qui nous semblent moins cruels, sans doute affaire d'habitude. Arrivés au bord du majestueux Cyr-Daria, le dieu des vents se montre plus clément que la première fois; nous pouvons le traverser sans retard, mais au milieu d'une mêlée de chevaux, de chameaux, de voitures de toutes sortes, d'hommes, de femmes et d'enfants qui grouillent pêle-mêle sur le plancher du bac, qui, s'il n'était d'une solidité à toute épreuve, pourrait bien nous envoyer faire, en nombreuse compagnie, dans les flots jaunâtres du fleuve, un dernier voyage vers la mer d'Aral. Après cette traversée, au milieu de cette foule puante, nous ne tardons pas à revoir la „steppe de la faim“ dont le terrain plat est recouvert, cette fois, de quelques touffes de verdure blanchâtre, semblables à des choux pommés poussés de place en place. Il est environ midi, et le soleil, dont on aperçoit le disque au travers d'un épais nuage de poussière, a de la peine à nous envoyer ses rayons. Nous arrivons vers le soir à Djisak, où le *starosta* (maître de poste) nous annonce que nous serons dans l'obligation d'attendre des chevaux. La perspective de passer une nuit dans cette station n'a rien de gai pour nous tous. Tant bien que mal, nous nous préparons au sommeil sur les larges bancs en pierre ou en brique, recouverts d'une simple toile cirée, chacun de nous rêvant de scorpions ou de phalangues, dont la morsure est assez dangereuse, et qui pourront bien venir nous visiter dans la nuit. La chance veut que nous n'ayons pas longtemps à attendre. A notre grande satisfaction, nous entendons bientôt les clochettes de nos tarantas que les yemtchiks préparent pour notre départ. Nous passons la nuit dans les mêmes conditions qu'à notre premier voyage; un peu moins fatigués, peut-être, grâce au dur apprentissage que nous avons fait de ce véhicule. La journée se passe de la façon la plus calme, mais cette fois, avec les provisions nécessaires que nous avions su conserver, et que nous dévorons à belles dents. Un jour entier sans incident, c'était trop désirer; à la nuit tombante, en approchant du Zérafchane, un gros orage éclate avec violence et nous inonde d'une pluie d'abord bienfaisante, mais bientôt trop abondante. Ce mélange d'eau et de poussière nous recouvre, en un instant, d'une boue épaisse et jaunâtre, sous laquelle nos vêtements de voyage font un triste effet. La question du costume était superflue en un pareil moment, mais nous nous en posions une bien autrement importante. Comment pourrons-nous, par un temps pareil, traverser les différents lits du Zérafchane où déjà, à cette époque, les eaux ont dû beaucoup grossir. Nos personnes nous occupent, moins en réalité, que nos garde-robes, auxquelles chacun de nous attache une juste importance. Les costumes sont généralememt pour les artistes français, leur seule fortune; ce sont autant d'outils qu'ils ont achetés au prix de nombreux sacrifices et qu'ils soignent et gardent avec un soin des plus minutieux. Dans le premier voyage beaucoup d'effets avaient déjà eu à souffrir de la route malgré les précautions dont on les avait entourés, et l'on voyait le moment où ils allaient être perdus par l'eau du ciel et de la terre.

C'est dans cet état d'esprit que nous traversons les premières rivières, qui ne présentent aucun danger pour nous, ni pour notre matériel.

L'orage qui s'est calmé, se termine par une petite pluie fine insignifiante, qui ne fait que nous rafraîchir agréablement le visage. Revenus de nos appréhensions, nous pensions continuer ainsi notre route, lorsque, après quelques pas d'un galop précipité sur la terre ferme, les chevaux s'arrêtent, et nous nous trouvons en présence d'un vrai fleuve, ou d'un torrent rapide qu'il s'agit de franchir. Aidés des guides à cheval qui dirigent nos yemtchikh, nous pénétrons, au grand trôt au milieu des remous et des tourbillons qui nous inondent, semblables à des vagues qui envahissent le pont d'un navire. En plusieurs endroits, l'eau est tellement profonde qu'elle pénètre par le fond du tarantas. Les chevaux, arrêtés par le courant, ralentissent leur allure malgré le fouet du sarte qui frappe leurs croupières. Nous apercevons cependant les voitures à bagages qui, avec d'autres tarantas, sont arrivées sur l'autre rive, dans d'assez bonnes conditions. En franchissant, nous même, la distance qui nous en sépare, notre attention est subitement détournée par des cris provenant de la dernière voiture qui nous suit. Une malle, appartenant à une artiste de la troupe, s'est détachée de derrière le tarantas, et a roulé dans la rivière; les chevaux ont pris peur et ne veulent plus avancer; le tarantas poussé par le courant, menace de culbuter et d'entraîner dans sa chûte les trois artistes qui nous font des signes désespérés. Avant même que nous ne soyons revenus de notre frayeur, une arba, montée sur deux roues (de plus de deux mètres de diamètre), s'était déjà rendue au secours de ceux-ci. Les deux sartes, qui la conduisent avec une remarquable adresse, retirent du fond de l'eau la malle de la pauvre artiste qui se lamente de la perte de ses effets, et transbordent, non sans peine, les trois naufragés dont le tarantas, solidement attaché derrière l'arba, suit son chemin moitié en roulant moitié en nageant. Quand nous fûmes au complet, nous prîmes, avec une certaine satisfaction, la route qui devait, en quelques heures, nous reconduire à Samarcande, ayant échappé à un sérieux danger et traversé ce Zérafchan ou cinq jours plus tard et dans le même endroit, deux personnes trouvaient la mort.

X.

KATTA-KOURGAN

Pendant notre second séjour à Samarcande qui fut de très courte durée, quelques personnes de Kata-Kourgan manifestèrent le désir de voir la troupe française, et m'assurèrent le maximum de la recette que je pouvais espérer dans un bourg de si peu d'importance. Précédant d'un jour la troupe, je partis par le train qui devait me conduire, vers minuit, â Kata-Kourgan. Seul, voulant profiter des trois heures qui me séparent de cette station, je m'endors après avoir recommandé au chef de train de me prévenir à l'arrivée de cette gare. Soit de sa faute, ou de celle d'une trop copieuse libation, je me réveille, vingt-sept verstes après Kata-Kourgan, dans une station perdue au milieu de la steppe, et appelée Touhaï-Rabat. Revenu un peu de ma désagréable surprise, je songe à ceux qui m'ont attendu au passage, et auxquels j'avais télégraphié mon arrivée. Ne m'ayant pas vu, ils penseront que la représentation ne peut avoir lieu le lendemain soir. Que faire..? Il faut prendre un parti quelconque. A l'aide du peu de „russe“ que je sais, j'avise un gendarme dont la poitrine est couverte de décorations et qui m'a l'air bon enfant. Je lui fais comprendre, tant bien que mal, la situation dans laquelle je me trouve; et lui demande, si, pendant la nuit, il me sera possible de me faire conduire à Kata-Kourgan. Il m'invite à entrer dans son corps de garde, petite chambre carrée, dont le seul mobilier consiste en quelques couvertures étendues par terre, en guise de lit, et une table boiteuse, en bois blanc, sur laquelle se dresse l'indispensable „samovar“ à côté d'une écritoire, d'une plume et d'un régistre. Il m'offre fort gracieusement l'eau bouillie et déjà froide de ce samovar, et m'invite à manger un morceau de pain noir qui est resté de son diner. Après m'avoir fait comprendre quê je dois attendre quelques instants, il disparait pour revenir bientôt m'annoncer qu'un sarte consent à me conduire. Au milieu d'une nuit obscure, nous entrons dans les champs où j'aperçois une espèce de tente qu'abrite un vieillard et un jeune homme; le père et le fils sans doute. Une arba est aussitôt attelée d'un gros cheval gras et poussif, dans la quelle je prends place étendu sur mes couvertures.

Il est environ deux heures du matin quand

je quitte mon gendarme auquel je prouve ma gratitude par une poignée de main qui laisse dans la sienne le prix de son service et de son hospitalité. Le jeune sarte, assis sur le collier du cheval, les jambes assujetties sur les brancards, met en marche son pittoresque et primitif équipage, à travers la campagne, et sur une route à peine tracée, qu'il aurait de la peine à distinguer, dans l'obscurité profonde, s'il n'avait l'habitude de la parcourir.

Nous allons, pendant cette nuit noire, avec une lenteur fatiguante. Pas un être humain ne vient en rompre la monotonie, et cependant je songe, persuadé de ma parfaite tranquillité, que quelques années auparavant il eût été imprudent pour un européen de s'aventurer ainsi, seul, dans ces steppes désertes.

De temps en temps des oiseaux de nuit, dérangés de leur sommeil, se lèvent avec un vol bruyant à l'approche du cheval, qui n'en continue pas moins sa route, avec la même et trop grande tranquillité. Le yemtchic s'est endormi dans une position problématique; l'animal et le maître ne semblent pas s'apercevoir de l'énervement que j'éprouve de la lenteur de notre allure. Le soleil qui commence à poindre au milieu d'une épaisse vapeur me promet pour le reste du jour une chaleur excessive. A l'horizon se détachent avec leurs uniformes dentelures les monts Ak-Tau, aux flancs noirs et incultes, sur lesquels, seulement, la vue peut se reposer au milieu de ce terrain sec et aride. Le Kara-Daria que nous longeons, n'a laissé comme trace de son passage que du sable et des cailloux, sur lesquels des quantités de tortues paraissent se traîner plus vite que nous. A un endroit de la route, nous entrons brusquement dans les terres, pour éviter le cadavre d'un chameau sur lequel une vingtaine de condors se livrent à un déjeuner matinal, au milieu d'un bruit de chairs déchiquetées et des cris si particuliers à cette espèce de carnassier. Notre approche dérange pour un instant ces sinistres convives qui, avec une incroyable envergure d'ailes, s'éloignent un instant, dans un vol lourd et disgracieux, pour revenir bientôt continuer leur hideuse besogne. Enfin à six heures du matin, j'arrive devant la petite station de Kata-Kourgan, après avoir mis dix heures à parcourir vingt sept verstes. Le sous-lieutenant Limscher, chef de gare, très surpris de mon arrivée à cette heure inaccoutumée, me fait observer que, ne m'ayant pas vu la veille, on a pensé que la représentation n'aurait pas lieu. Rien n'est prêt; la matinée qui devait être employée à la construction de la scène était perdue, et, qui plus est, les soldats habitués à ce genre de travail, venaient de partir à sept ou huit verstes de la ville.

Dans ces pays rien n'est impossible, surtout avec l'amabilité et le dévouement que l'on y rencontre. Malgré le peu de temps dont il dispose, le sous-lieutenant Limscher, qui est le promoteur de cette soirée, gracieusement aidé du colonel maître de la ville, et d'un chef de bataillon, a bientôt raison de l'impossibilité évidente de construire, en si peu de temps, une scène pour laquelle on a pas les premiers matériaux. A deux heures cependant, une vingtaine de soldats, portant des planches, sur lesquelles sont encore collés des débris d'images représentant des ennemis, sur lesquels on exerce leur tir, arrivent dans la caserne qui, pour ce soir, sera tranformée en théâtre. A l'aide de ce plancher improvisé et des arbres qu'ils ont coupés dans la campagne, ils se mettent vivement et courageusement à ce nouveau genre de travail qu'ils exécutent d'une facon presqu'artistique, sous les ordres d'un de leurs chefs dont je regrette d'avoir oublié le nom à fin de le remercier ici, encore une fois, de la bonne volonté dont il a fait preuve. A cinq heures tout est prêt, et la représentation pourrait commencer. Les artistes, arrivés de Samarcande, trouvent un local non moins confortable que dans certaines petites villes de la Transcaspienne et la représentation a lieu sans incident. Le lendemain, après quelques heures agréablement passées, en bonne compagnie, chez monsieur Jugovitch, nous prenons le train-poste pour Tcharjoui où nous devons arriver le jour de la fête annuelle du bataillon du chemin de fer.

Nous trouvons cette ville en pleine réjouissance, considérablement augmentée en population, par la présence de tous les officiers de Kizil-Arvat, d'Askabad, de Merw et autres stations. Le soir, toutes les avenues sont pavoisées; le pont de l'Amou-Daria, dans toute sa longueur, garni de poteaux lumineux présente un très-joli coup d'oeil avec sa trainée de feu miroitant dans les eaux. Deux dernières représentations clôturent ces trois jours de fête trop tôt passés. Le 13 Mai, revenant sur nos pas, nous nous dirigions sur Boukhara où nous devions donner le lendemain un seul spectacle.

XI.

BOUKARA—L'AGENCE DIPLOMATIQUE RUSSE

De toutes les villes de la Transcaspienne, c'était, je l'avoue, celle qui nous offrait le plus d'intérêt. Jouer une opérette française dans cette *ville sainte*, où nous eussions été naguère inévitablement égorgés, n'était pas une chose vulgaire. Les russes et les européens n'étant qu'en très petit nombre, je ne pouvais y espérer aucun résultat pécuniaire; ce n'était donc qu'un but de curiosité qui me guidait dans cette ville intéressante.

Plusieurs de nos amis de Tcharjoui, dont le désir est d'assister à la représentation de Boukhara nous accompagnent. Nous passons, en leur compagnie, les cinq heures du voyage dans le wagon-restaurant dont nous dévalisons la cave. A la station de Karakoul, un des artistes, voulant puiser de l'eau pour son chien, tombe malencontreusement dans le bassin de la gare, d'où on le retire tout ruisselant, mais sain et sauf. A la suite de cet accident sans gravité, il se produit un incident assez comique. Notre baigneur doit naturellement changer de vêtement; or un voyageur, dont la femme se trouve dans le wagon, s'y oppose de la façon la plus formelle. De là un scandale complet. L'artiste, proteste énergiquement et n'en continue pas moins son déshabillement protégé par ses camarades qui le dérobent, de leur mieux, aux yeux effarouchés de la dame. Le mari, devenu furieux, en appelle à la gendarmerie. Un long et détaillé procès-verbal est bientôt rédigé par les gendarmes du train qui semblent rire dans leur barbe de ce cas plus comique que criminel; mais un docteur, témoin de l'accident voulant mettre fin à cette comédie qui menaçait de tourner mal, certifie de la façon la plus aimable, que l'artiste n'a fait en changeant d'habits que se conformer à son ordonnance. C'est grâce à cette ingénieuse idée que l'incident est clos et que nous arrivons tranquillement à Boukhara.

C'est dans les équipages de l'agent diplomatique russe, mis gracieusement à notre disposition, que nous devons, précédés d'une escorte de six cavaliers, parcourir les douze verstes qui séparent la gare de la ville. Malgré le confort relatif de ces voitures, nous voilà ramenés au supplice du tarantas. La route poussièreuse et non pavée, est remplie de trous et d'ornières profondes qui nous font éxécuter une danse macabre. Une grande animation règne sur tout ce parcours; nous croisons une quantité d'Asiates montés sur leurs chevaux et leurs ânes en compagnie de leurs femmes, soigneusement cachées par le *tchasman*, espèce d'étoffe en crin qui leur recouvre la tête, et qui les dérobe aux regards des passants.

Nous pénétrons dans une campagne riche d'une grande végétation, et qui offre un grand contraste avec les steppes désolées que traverse le chemîn de fer transcaspien. Sur le côté droit de la route, nous apercevons la résidence d'été de l'Emir; immenses jardins protégés par de hautes murailles en terre sèche. Un peu plus loin, et sur le même côté, se trouve un vaste cimetière dont les tombes, uniformément construites en briques, ressemblent à autant de petits fours de campagne placés les uns à côté des autres. On m'a affirmé, plus tard, que ce lieu de repos est le rendez-vous, la nuit, des chiens sauvages et des chacals très friands des cadavres fraîchement enterrés.

Il nous faudra traverser treize portes avant d'être arrivés au centre de la ville où nous ne serons qu'à la nuit. Nous entrons sous la première, hérissée d'énormes têtes de clous, rappelant assez fidèlement celle d'un château-fort du moyen-âge; nous pénétrons alors dans une quantité de ruelles où notre omnibus a de la peine à passer. Des murs crénelés nous cachent toutes les habitations. Nous semblons vivre seuls, dans cette fantastique cité, où nous n'apercevons, qu'à de rares intervalles, des ombres qui passent et disparaissent, au milieu du silence le plus profond, semblables aux visions diaboliques de „Robert Houdin" ou aux fantômes de „César Borgia". La nuit, qui déroule déjà son rideau sombre sur Boukhara-la-Noble, ajoute à ce tableau une couleur mystérieuse. Une des roues de notre carosse venant à se briser me tire brusquement de ma rêverie, en m'envoyant piquer une tête dans la figure de mon vis-à-vis, qui revient comme moi à la réalité. Nous attendons dans ce carrefour une bonne heure, avant que les cavaliers, partis au triple galop, soient revenus suivis d'une autre voiture, nous tirer de l'embarras où nous nous trouvons. Une demiheure après, nous arrivons dans la cour de la résidence russe, remplie d'une foule de serviteurs, qui nous aident au déchargement de nos colis et nous conduisent dans les appartements qui nous sont destinés. Boukhara ne possédant pas d'hôtel, c'est le seul endroit où un européen visitant cette ville peut trouver l'hospitalité. Ces appartements, construits suivant les exigences du climat, n'ont rien de désagréable; une porte basse vous donne accès dans une petite chambre entièrement couverte des plus riches tapis, mais seulement meublée d'un ou deux lits boukariotes faits de bandes de chanvre entrelacées et solidement tendues sur quatre pieds, en bambou, d'environ 40 centimètres de haut, décorés de couleurs vives et multiples; le tout recouvert de nombreuses étoffes de soie. Sur une pierre, une aiguière et une sorte de cuvette en cuivre ou en fer terminent ce modeste mobilier. C'est ainsi installés que nous passons une nuit bien tranquille, sous la garde des sentinelles cosaques, qui ne sont là certainement que pour la forme. Le lendemain, après avoir fait notre visite à M-r Klemm, représentant l'agent diplomatique en son absence, l'un des hommes les plus aimables que nous ayons rencontrés, nous partons visiter la ville.

Comme tous bons voyageurs, nous nous faisons conduire directement au Bazar, c'est-à-dire à l'endroit toujours le plus intéressant et le plus mouvementé de ces villes asiatiques. C'est ici, comme dans celui de Tcharjoui, de continuelles échoppes sales, mais pittoresques, reliées entre elles par une longue toiture qui empêche l'air et le soleil d'y pénétrer. Chaque métier ou chaque industrie a son quartier, où l'on rencontre une foule bruyante composée des différentes races de l'Asie; Sartes, Juifs, Persans, Hindous,

Kirghises, tous revêtus de leurs différents costumes aux couleurs éclatantes. Après en avoir visité les parties les plus curieuses et y avoir fait acquisition de quelques souvenirs du pays, nous nous dirigeons vers la fameuse tour du haut de laquelle on précipitait les criminels. Cette tour appelée Mira-Arab, construite en briques cuites, est la plus haute de l'Asie centrale, elle mesure 51 mêtres de hauteur. De là, nous nous rendons au „Réghistan“ la plus grande place de Boukhara, où grouille une masse de marchands de toute sorte, abrités sous des bicoques en roseaux, et au centre de laquelle se trouve l'Ark, l'ancienne citadelle qui sert aujourd'hui de palais à l'Emir et à ses grands dignitaires. C'est sur une colline dominant la ville que se trouve, entourée de hautes murailles en argile, cette demeure royale. Son grand portique, au sommet crénelé, est orné d'une horloge fabriquée par un ouvrier italien qui, sous le règne de l'émir Nasser-Oullah, échappa à la mort à la suite de cet ouvrage. Le cadran, dont le mouvement est arrêté depuis longtemps, marque continuellement douze heures moins quinze minutes; chose curieuse, on n'a jamais songé à le faire réparer, ce qui démontrerait que pour les boukariotes le temps ne compte pas.

Nous parcourons, toujours avec un intérêt

croissant, la plus grande partie de la ville, qui nous offre à chaque pas des curiosités sans nombre, mais qui nous prouve la plus grande ignorance de l'hygiène et de la salubrité publique de la part de ses administrateurs.

Au milieu de ruelles malpropres, privées d'air, et d'où s'exale une odeur fétide, nous rencontrons ces malheureux affectés de la lèpre asiatique, connue sous le nom indigène de „makahou"; les femmes affligées de cet horrible mal doivent avoir le visage découvert; ces lépreux hommes et femmes vivent de l'aumône publique jusqu'au moment, où leur contact devenant trop dangereux, on les fait conduire dans certains villages entièrement peuplés de ces pauvres déshérités qui achèvent, dans des cloaques infects, leur misérable et douloureuse existence. Entre autres maladies la plus commune est assurément le „richta" (filaria medinensis) sorte de ver qui prend naissance entre peau et chair et s'y développe pendant huit ou neuf mois avec une rapidité prodigieuse, au point d'atteindre jusqu'à 2 mètres de longueur. L'opération du richta est, pour la plus part du temps, confiée aux barbiers du pays, qui sont d'une grande habileté dans ce travail chirurgical. Simplement à l'aide de leur rasoir, ils pratiquent, à l'endroit où se forme l'abcès, une incision qui leur permet de saisir la tête de ce parasite, qu'ils enroulent autour d'un petit morceau de bois arrondi qui leur sert de bobine, pour extraire le ver dans toute sa longueur, en prenant bien soin de ne pas le rompre. Certains praticiens prétendent que l'eau croupissante de Boukhara renferme le microbre du richta; d'autres affirment qu'il siège dans les miasmes que l'on respire. Quoiqu'il en soit, on recommande bien aux étrangers de ne se servir, même pour la toilette, que d'eau bouillie.

Toutes ces curiosités intéressantes ou écœurantes, ne nous font pas oublier que dans quelques instants il nous faudra songer au spectacle. Nous revenons à la „résidence“ où nous attend un excellent dîner, servi sous les grands arbres du parc, répandant sur nous un ombrage et une fraîcheur bienfaisante, semblant vouloir nous purifier de cette après-midi passée au milieu de ce peuple et de cette ville empestés. A mesure que l'heure de la représentation s'avance, la fièvre de chacun de nous augmente. Emotion bien légitime, nous sommes les premiers qui allons, dans quelques instants, donner une représentation théâtrale dans cette Boukhara-la-Noble. Ce n'est pas en effet vulgaire pour des artistes français, que de représenter une „opérette“ dans cette ville qui, au dixième siècle, était le foyer le plus fervent de l'Islam, et d'où partaient, il y a quelques années encore, les reproches les plus sévères de l'Emir Mouzaffar-ed-din à l'adresse du Sultan de Constantinople, lui reprochant d'entrer dans la voie de la civilisation européenne. Cet Emir, dictant en quelque sorte des lois au Roi des Rois, au Chef des croyants. Curieux contraste avec les temps présents! L'Emir actuel Seib-Ahad-khan n'assistera pas à la soirée, car il est déjà installé dans son palais d'été, mais il a autorisé, ordonné même à ses ministres et aux plus hauts fonctionnaires, d'honorer de leur présence les artistes français.

Une terrasse de la cour de la résidence, recouverte de tapis tient lieu de scène et les salons de loges aux artistes. Des fauteuils et des chaises placés au milieu de la cour sont destinés au public qui assistera à ce spectacle en plein air. Ainsi installés, nous ressemblons aux comédiens extraordinaires du roi jouant devant Louis XIV, ou aux chanteurs du théâtre de Beyreuth, car le piano, se trouvant placé dans un des salons auquel nous tournons le dos, permet aux spectateurs d'en entendre les accords sans le voir. Nous n'avons pas voulu en cela imiter un orchestre à la Wagner, mais le piano fort endommagé ne pouvait supporter un déménagement. Cette représentation due à l'instigation de M-r

Reichmann, un des plus aimables commerçants de Boukhara, nous a procuré la plus entière et plus vive satisfaction. Devant repartir le lendemain matin à 7 heures pour Tcharjoui, sitôt le spectacle terminé, nous nous rendons à la gare, où nous arrivons cette fois sans accidents.

XII.

Retour a Tiflis

À Farap, notre compatriote M-r Lebrun nous fait une fois encore regretter d'avoir à quitter cette contrée, où lui et tant d'autres nous ont accueillis avec tant d'amabilité; mais le train chauffe pour Askabad, et le dernier coup de sifflet nous sépare de ces braves gens, qu'un hazard seul peut nous faire retrouver, mais que nous ne pourrons oublier.

A notre retour à Askabad, la ville a changé d'aspect, tous les officiers sont au camp, ce qui diminue de beaucoup notre public, et puis la chaleur est telle, qu'il faut vraiment aimer le spectacle pour s'enfermer dans le théâtre, qui semble transformé en étuve. Nos trois dernières représentations réunissent un nombre très restreint de spectateurs, en un mot, l'heure de la retraite a sonné. Nous nous disposoins à partir directement à Ouzoun-Ada, lorsqu'un télégramme nous invite à nous arrêter, une fois encore, à Kizil-Arvat, où des spectateurs plus courageux veulent bien braver cette chaleur suffocante. Nous retrouvons dans cette petite ville l'enthousiasme du premier moment, et la même sympathie qu'à notre passage; chose assez rare, le public a su rester fidèle, je ne saurai trop l'en remercier.

Le mardi 28 Mai, nous nous embarquons à Ouzoun-Ada sur le superbe vapeur „Amiral Korniloff, nouveau bâteau de la compagnie" „Caucase et Mercure" qui faisait son premier voyage. La mer Caspienne, cette fois plus clémente, nous permet d'arriver à Bakou après une bonne traversée. Ce jour même, je faisais prendre aux artistes le train qui les ramenait à Tiflis, fatigués, brûlés par le soleil et la poussière, mais désolés que ce n'eut pas duré plus longtemps.

Un directeur de théâtre ne doit jamais compter sur la reconnaissance de ses pensionnaires, même lorsqu'il a rempli tous ses devoirs; ceux-ci me devront bien un petit souvenir aimable de ce voyage aussi curieux que lucratif pour eux.

A Bakou, je retrouve une bonne connaissance de trois ans, Monsieur Mendès de Léon, avec lequel s'écoule une journée charmante, qui termine apréablement la série de toutes celles passées pendant deux mois et vingt-neuf jours, d'une excursion difficile, mais intéressante et mouvementée.

TABLEAU COMPARATIF DES RECETTES ET DÉPENSES DE LA TOURNÉE THÉATRALE

Dépenses

	R.	K.
Télégrammes	139	30
Affiches, Billets, Libretto, programmes	279	15
Affranchissements	20	10
Perruques, divers accessoires	127	55
Cordes pour bagages	8	10
Voyages	887	49
Bagages (transport)	243	14
Phaétons	100	60
Différents pourboires	57	50
Location des clubs ou salles de spectacle	411	—
Employés aux représentations	172	60
Achat de bougies	25	40
Location de pianos	22	—
Transport de pianos	21	—
Musiques militaires	76	—
Frais d'invitations	106	35
Tarantas et Yemchiks	356	62
Passage du bac sur le Cyr-Daria	3	—

J'ai cru intéressant pour mes collègues russes ou autres, qui désireraient tenter l'entreprise de publier ci-contre le tableau comparatif des recettes et des dépenses de cette tournée théâtrale.

Appointements servis à la troupe et à l'administration	3195 —
Indemnité aux artistes pendant la semaine sainte	252 —
A la Compagnie „Caucase Mercure“	49 —
	6552 90

Recettes

Elisabethpol	2	représentations	313 50
Ouzoun-Ada	1	„	130 —
Kizil-Arvat	3	„	292 40
Ascabad	4	„	878 45
Merv	2	„	287 20
Tcharjoui	4	„	694 80
Boukhara	1	„	213 80
Katta-Kourgan	1	„	100 —
Samarcande	4	„	902 45
Tachkent	5	„	2275 95
			6088 55

Nitouche	11	représentations	2442 65
Niniche	7	id	1644 —
La femme à papa	5	id	1131 70
Spectacle-Concert	3	id	870 20
			6088 55

Dépenses	6552 90
Recettes	6088 55
Différence	0464 35

TABLE DES MATIÈRES

I. De Tiflis à Ouzoun-Ada. 7
II. D'Ouzoun-Ada à Kizil-Arvat 31
III. D'Ascabad à Merv 36
IV. De Merv à Tcharjoui (Amou-Daria). . 40
V. De Tcharjoui à Samarcande. 43
VI. Samarcande. 51
VII. De Samarcande à Tachkent. 55
VIII. Tachkent 60
IX. Retour à Samarcande. 73
X. Katta-Kourgan. 78
XI. Boukhara—L'agence diplomatique russe. 84
XII. Retour à Tiflis. 94

PRIX

Russie . . . . 1 rouble
Etranger . . . . 3 francs 50 cent.

www.ingramcontent.com/pod-product-compliance
Ingram Content Group UK Ltd.
Pitfield, Milton Keynes, MK11 3LW, UK
UKHW021109200726
13857UKWH00003B/1146

9 782012 921726